VEGAN CHEESE

純素起司

暢銷修訂版

純素料理家 Mariko／著

Celery
$2.50 EACH
OR
3 for $5

深受洛杉磯人
喜愛的健康&美容食品

大家好，我是Mariko。現正於洛杉磯擔任專門製作裸食、植物性飲食的廚師。洛杉磯不僅是純素飲食風行，只要談論到植物性飲食、裸食、無麩質飲食到有機食物的領域，這個城市都是世界上首屈一指的先驅指標。街道上四處是引領潮流的食材、料理、烹調方式，更能激發出料理人無限的創意靈感。

「純素起司」聽起來或許有點陌生，其實就是「不使用乳製品的純植物性起司」。近年來，在純素飲食蓬勃發展的洛杉磯健康食品店中，架上時常密密麻麻陳列著各種不同的純素起司。住在洛杉磯的市民，統稱洛杉磯人（Angeleno），非常注重美容和健康的議題，對於各種純素食品、純素起司的接受度也很高。

除此之外，這裡也很流行自己製作純素起司。我在裸食廚藝學校開設專門課的時候，為了上純素起司課程遠道而來、甚至遠渡重洋的學生總是絡繹不絕。

我以前做的其實是彩妝。在好萊塢工作的期間我深刻體悟到：「美容不僅是透過保養或化妝從身體表面開始加工，還要經由飲食讓體內改變，唯有內外雙管齊下，才能夠真正達到美容的功效。」這個發現也成為我轉身投向飲食世界的契機。皮膚是人體中面積最大的器官，不管價格再怎麼昂貴的乳霜，都比不上在均衡飲食生活中滋養出的美麗。醫食同源，健康美味的食物更是同源。

美肌效果也是純素起司最顯著的魅力之一，可以大量攝取到用來製作起司的豆腐、豆漿、腰果、杏仁果等這些具有高度美容、抗老化效果的食材。很多名人紛紛為了改善肌膚狀況，改以純素起司取代普通的起司。大家也來試試看吧，這是一種可以從體內執行的根本美容法。

本書誕生的緣由，是來自於「希望能夠將洛杉磯的純素起司在地化，以符合亞洲當地環境的手法、容易取得的食材呈現」的想法，我為此將經歷過多次嘗試和失敗後才完成的食譜，統統集結成冊。其中，使用豆腐和豆漿製作，卻完全吃不出豆味的純素起司，無疑是我的自信之作。建議第一次嘗試的人先從這部分開始做起，接下來再挑戰其他不用發酵、需要發酵的純素起司。在發酵過的純素起司中，含有很多比動物性乳酸菌更耐胃酸的植物性乳酸菌，能夠改善腸道環境，並且提升美化肌膚的功效。

SMITH FARMS

Topo Chico
MINERAL WATER

F A V O R I T E   K I T C H E N   I T E M S

1

2

3
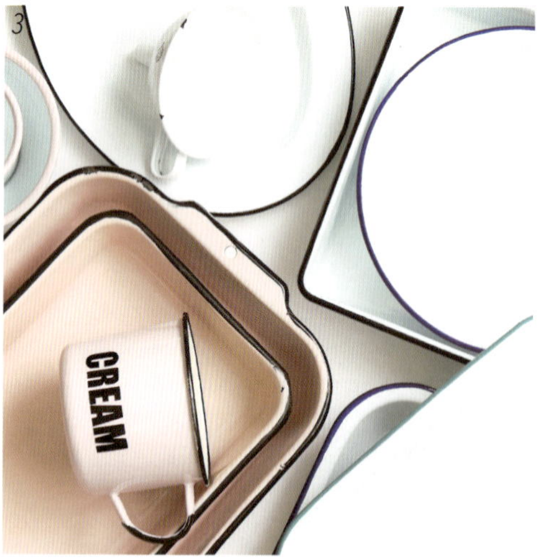

4

1. 各式各樣的量杯。我一看到可愛的量杯和湯匙就忍不住想要蒐集。　*2.* 水果專用的陶瓷濾水籃。在裡面清洗水果後，可以直接當容器擺放在餐桌上。　*3.* 我一直以來都很喜愛琺瑯製品。Crow Canyon Home的產品，連加州嚴格的重金屬審核都能夠順利通過。　*4.* 茶杯造型的量杯，是英國料理研究家奈潔拉·勞森 (NigellaLawson)的品牌。

5

6

7

8

Photo by MARIKO

5. 在蒐集Fire King的Swirl系列時購買的翡翠玉色量杯（復刻版）。 *6.* 10年前蒐集美國的Gloria Concepts古董香料罐，其實是日本製。 *7.* Staub鑄鐵鍋最讓人開心的地方，就是即便使用多年依然堅固、而且外觀亮麗如新。 *8.* 美國Ball梅森罐從1884年就開始生產，是相當具有歷史的密封罐。梅森罐在我家是必需品，備齊了各種尺寸和顏色。

VEGAN CHEESE

目次

What Is VEGAN?

什麼是純素飲食？

最近在社群軟體上，很常看到蔬食、純素飲食、植物性飲食、無麩質飲食等容易讓人混淆的詞彙。

因此，首先簡單說明一下各自的定義。

蔬食 Vegetarian	不吃肉或魚，但可以接受乳製品和蛋類的蔬菜主義者。有些人也會吃海鮮。
純素飲食 Vegan	純素者，所有肉、魚、乳製品、蛋類的動物性食物一概不碰。除了飲食，在生活中各方面也盡可能不使用動物性製品。
植物性飲食／ 植物性瘦身飲食 Plant-Based, Plant-Based Diet	單就某一層面來看，和純素飲食幾乎是同義詞。但只著重在純植物性的飲食生活、飲食方式以及和食品相關的事，不囊括生活方式。
無麩質飲食 Gluten-Free	飲食中不含從小麥、大麥、燕麥等穀物蛋白質中生成的麩質。亦即使用不含麩質的食品、食物，不攝取麩質的飲食法。
裸食 Raw Food	僅吃未調理過的生食。也就是將自然原食材透過不加熱，或是即使加熱也不超過48度的烹調方法，保存原生酵素的飲食法或食品。裸純素（結合裸食和純素飲食的概念）和裸食的意思幾乎相同，但奉行裸食的人，有部分也會攝取少量的動物性食品。在本書中，則是將裸食定義成純素飲食。

What Is VEGAN CHEESE?

什麼是純素起司？

純素起司，指的是不使用一切動物性原料所製作出來的純植物性起司。不含任何乳製品，主要是利用堅果等植物性食材製作出濃稠的基底，再調味成近似起司的味道後，依照用途凝固而重現的各種素食起司。透過調整酸度、鹽分、香料而製成的成品，和一般的起司相似度極高，如果在過程中再加入發酵的程序，還能夠呈現出更趨近於真正起司的味道，做出多款不同類型的起司。我希望能將純素起司推廣給想要嘗試純素飲食的人，也希望提供給不喜歡起司本來的味道，或是有過敏問題的人，可以大膽嘗試的另一種選擇。

How To Make VEGAN CHEESE?

純素起司的製作方式

純素起司的作法基本上可以區分成兩種，
不需要發酵就能完成的純素起司，
以及要經過發酵製作出的純素起司。

不用發酵的純素起司

不需要發酵的純素起司，主要是將豆腐或豆漿、堅果或種子、蔬菜等食材，用攪拌機或食物調理機攪打成基底後，調味成類似起司的風味。接著透過添加白玉粉（日本糯米粉）增加黏稠度，或是利用椰子油冷卻後凝固的特性，讓質地變得更趨近於真正的起司。由於不需要經過發酵的程序，幾乎每一種純素起司的作法都簡單好上手，而且可以在短時間內完成。

經過發酵的純素起司

需要發酵的純素起司，是將泡過水的堅果和當作酵母的發酵食材一起用食物調理機打成基底，接著放置半天至一天的時間發酵，最後再調味成近似起司的味道。本書中也會介紹以寒天膠或椰子油凝固而成的固態起司。雖然發酵需要時間，但是製作方式本身並不困難。經過發酵的純素起司和未發酵過的不同，帶有發酵過的酸味和層次，口味更具層次。其中使用寒天膠凝固的純素起司，因為沒有經過加熱的程序，還能夠攝取到發酵食品中特有的乳酸菌。

純素起司的凝固方法

做好的起司基底在調味階段時是呈現稠稠的糊狀質地，如果想要做出固態的純素起司，必須先將其凝固。本書中將教給大家幾種不同的固化方法，其中最主要的是以下兩種。

加入椰子油凝固

在常溫狀態下呈現液態的椰子油，一旦溫度低於24度就會固化。只要利用這個特性，將融化的椰子油加入起司基底中再放到模具裡，最後放進冰箱冷卻，就能夠得到自然凝固的效果。

加入椰子油凝固的純素起司特徵

由於椰子油的融點很低，只要長時間放置在室溫下，起司就會開始融化成柔軟的狀態。

加入寒天膠凝固

將寒天粉和水加熱後做成寒天膠，趁熱快速加入起司基底中再倒入模具，接著放進冰箱冷卻固化。

加入寒天膠凝固的純素起司特徵

同樣需要冷藏保存，但寒天膠純素起司和用椰子油製成的不同，即使放在常溫中，也不需要擔心融化的問題。

＊部分食譜中添加寒天粉，是為了調整純素起司的質地，而非達到凝固的作用。

去除豆腐水分的方法

為了盡可能減少豆腐中的水分，需要多重複幾次去水的步驟。接下來要教大家幫豆腐去除水分的方式。

1. 豆腐用餐巾紙包起來後，放到砧板或底部平坦的調理盆上，再疊上一個平坦的盤子或砧板。
2. 在上頭壓重物，並靜置30分鐘至1小時的時間。注意重物的重量不能太重，以免豆腐直接被壓碎。

需要手動過篩的類型

當起司醬或是堅果起司醬無法順利攪拌成滑順的質地時，就需要透過「過篩」的步驟，才能讓質地更綿密。

不用發酵的純素起司

製作墨西哥起司辣醬、起司沾醬、無油蔬菜起司醬等食譜時，都要在完成後進行過篩。

經過發酵的純素起司

在P.22的步驟3「製作堅果基底」中，進果汁機前也要先過篩。

Basic EQUIPMENT & TOOLS

製作純素起司的
基本工具

接下來要介紹我平時常用的工具。

玻璃罐
主要用來發酵、保存食品，建議選擇廣口的瓶子。

曲柄抹刀
用來抹平放入模型中的純素起司、純素起司蛋糕。

烘焙紙
在幫助純素起司塑形，或是製作延伸食譜時都會用到。

量匙、量杯
從1大匙到4分之1小匙都能夠計量的量匙，非常方便；量杯材質有多樣可供選擇。

食物調理機
適合用在水分少、需要打碎或無法以果汁機拌勻的食材上。

玻璃調理盆
製作發酵純素起司時，需要使用耐熱性高的調理盆。

量秤
傳統的量秤或電子秤都可以。

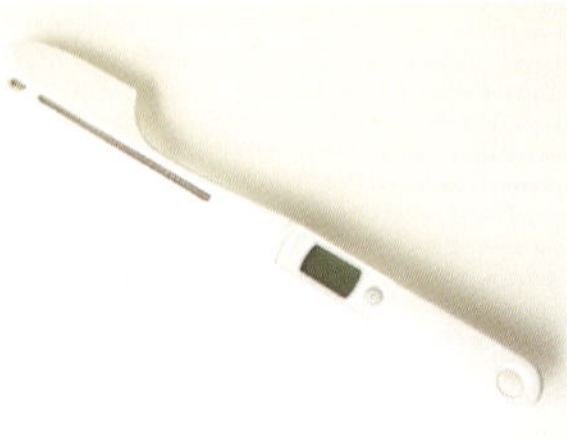

溫度計
用來調節豆漿的溫度時使用。

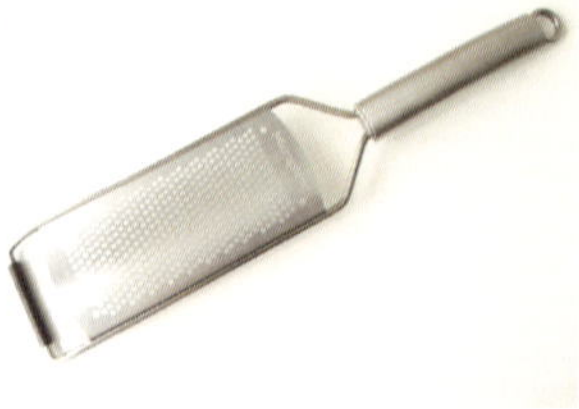

刨刀
削柑橘類果皮時使用。

果汁機
需要攪拌水分多的食材時使用。

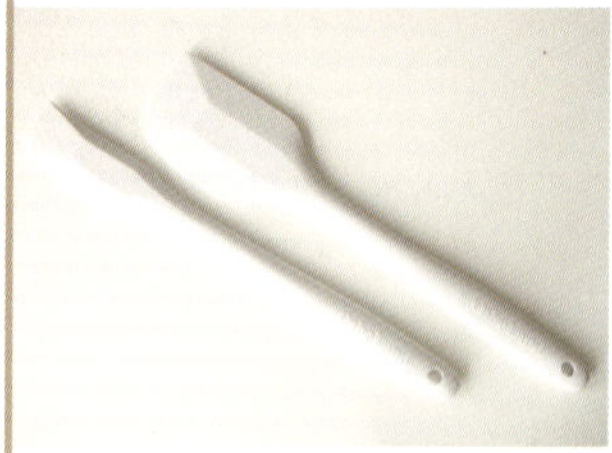

刮刀
混合食材時使用。建議選購一體成型的矽膠材質，比較衛生。

篩網
過濾堅果的水分，或使用在起司發酵時。

模型
用來幫起司塑形的工具。

起司濾布（料理用紗布）
主要用在製作過程及過濾純素起司時使用。

Basic INGREDIENTS

製作純素起司的

基本食材

除了堅果以外，也會用到豆腐、豆漿等各式材料。

製作基底的材料

堅果類

生杏仁果
使用未經過烘烤或乾炒的無鹽杏仁果。

生腰果
使用未經過烘烤或乾炒的無鹽腰果。

生葵花籽
使用未經過烘烤或乾炒的無鹽葵花籽。

豆腐
主要使用木棉豆腐（板豆腐），但製作莫札瑞拉風鹽起司時，則是使用絹豆腐（嫩豆腐）。

豆漿
有些豆漿中含有調味料或添加物，請使用無添加的純豆漿。

調味材料

營養酵母
利用糖蜜培養出來的非活性酵母。含有豐富的維他命B群，味道和起司相似，被廣泛運用在製作純素起司上。營養酵母和用來製作基底的酵母不同，不可以互相取代。

鹽
盡可能使用未經過精製的天然鹽。

味噌
白味噌、紅味噌、調合味噌等。

香料
薑黃粉、紅椒粉、黃芥末粉等等。

特級冷壓初榨橄欖油
本書中所使用的橄欖油，皆選用特級冷壓初榨橄欖油。

香草
巴西里、百里香、迷迭香、奧勒岡等等，也可以使用乾燥的香草。

其他
- 蘋果醋
- 檸檬汁
- 白芝麻

……等等。

凝固起司的材料

白玉粉
主要成分是糯米。用來增加純素起司的濃稠度。

寒天粉
用來凝固需要發酵的純素起司，或調整質地時使用。

冷壓初榨椰子油
本書中使用的是無味的冷壓初榨椰子油。如果椰子油呈凝固狀態，需先以隔水加熱的方式充分融化後再測量分量。

＊書中所使用的生堅果種子、營養酵母、喜馬拉雅黑鹽、煙燻液、椰子片等食材，如果沒有辦法在附近的超市取得，也可以在網站上購買。

基本的發酵方式

接下來要向大家說明發酵的基礎，
只要記住基本原理就好，
作法非常簡單，請一定要嘗試看看。

步驟1 堅果泡水（或是水煮）

將食譜中標示的堅果浸泡在大量的水中（盡可能使用乾淨的純水）。腰果浸泡的時間是2～4小時，杏仁果則需要浸泡一個晚上。

夏天時請放在冰箱中冷藏浸泡。泡水後用篩網撈起堅果，以清水沖洗乾淨後，瀝乾水分。

沒有充足的時間時，也可以放在小鍋中水煮15分鐘，再用篩網撈起，並以流動的冷水充分洗淨和冷卻。

＊堅果泡水後如果沒有辦法當天製作成起司，可以放在冷藏室保存，一天至少換一次水，並在三天內使用完畢。

步驟2 去除杏仁果皮

使用杏仁果製作純素起司時，如果沒有先將杏仁果的外皮去除乾淨，做好的起司吃起來便會帶有外皮沙沙的口感。為了做出沒有殘留外皮、口感細緻的起司，必須先將杏仁果的外皮仔細剝除。

作法是將步驟1中浸泡一晚的杏仁果取出，撕掉外層的薄皮。如果不好撕除，可以先泡熱水15分鐘後瀝乾再剝。若在步驟1中是以水煮的方式取代浸泡，直接剝除即可。

步驟3 製作堅果基底

將浸泡過的堅果，以及用來發酵的酵母（鹽麴P.98、糙米發酵水P.100）、乾淨的水（或礦泉水）放到果汁機中，攪拌到滑順綿密為止。如果打不出滑順的質地，可以在必要的範圍內，分次加入少許水攪拌，水量盡可能越少越好。

＊透過P.19的方式手動過篩，可以製作出更加綿密的質地。

※請確保使用的工具、環境皆乾淨衛生。

步驟4　包覆堅果基底

取一段長約30公分的起司濾布（或是料理用紗布），先對折成一半。準備一個單柄的篩網，架在比篩網稍微大一點的調理盆上。接著將對折後的起司濾布鋪到篩網上，再放入堅果基底。抓起濾布的四個角，用最長的一端將濾布開口繞緊後打結固定，把堅果基底包在裡面。仔細確認開口是否封緊，以免堅果基底流瀉出來。建議選擇塑膠製的尼龍篩網。

步驟5　壓重物發酵

在包裹好的堅果基底上放一個小盤子，再壓上罐頭之類的重物。若堅果基底從起司濾布中被擠壓出來，則表示重量過重，必須更換較輕的重物。

接著蓋上一塊乾淨的布，並將基底放置在陽光不會直射的地方後，依照食譜標示的時間，進行常溫發酵。夏天時基底容易發霉，必須頻繁確認發酵的狀態。

步驟6　確認狀態，發酵完成！

依照標示的時間放置發酵後，即可確認發酵的狀態。首先，仔細檢查濾布外側，以及中間的堅果基底是否有發霉的情形。接著確認氣味和味道，發酵後的基底聞起來和品嚐時，都帶有些微的發酵酸味。

如果出現發霉、惡臭或是難以下嚥的情況，請丟棄不要食用，從步驟1開始重來一次吧！

＊如果吃起來酸味很重，有可能是受到氣溫太高等原因影響，導致發酵速度太快，可以在調味時調整加入檸檬汁的量。

不用發酵的
純素起司

本章節中要介紹的，
是以豆腐、豆漿、堅果、種子或是蔬菜製成，
不需要發酵的純素起司。
由於沒有經過發酵的程序，
幾乎所有食譜都可以在短時間內輕鬆完成。
也請大家務必嘗試看看，
使用不發酵純素起司製作的料理。

NON-FERMENTED VEGAN CHEESE

一片接著一片，吃到停不下來。
學會這道超簡單的下酒菜簡直如獲至寶，
在豆腐上抹鹽，靜置一晚就完成了！

recipe for
CHEESE

豆腐製成
莫札瑞拉風鹽起司

保存期限：冷藏保存約3天　零麩質　純素

材料〔分量約360g〕

嫩豆腐……400g
鹽……1小匙

配料
橄欖油……適量
胡椒……少許

作法

1 用餐巾紙拭去豆腐的水分後，在豆腐各面均勻抹鹽。

2 將抹好鹽的豆腐用餐巾紙包起來裝進容器中，放入冰箱中冷藏醃漬半天。

3 取出醃漬半天的豆腐，用清水稍微洗淨後，再用餐巾紙拭去表面水分。

4 切成喜好的大小，淋上大量的橄欖油，再撒上胡椒即完成。

POINT
1 雖然使用木棉豆腐（或板豆腐）和莫札瑞拉起司的口感更相近，但在這道食譜中，會顯得豆味過於強烈。
2 也可以依喜好加入巴西里、蔥花等不同風味的辛香料。

都是再適合也不過的最佳夥伴。
濃郁的口味，當點心、下酒菜、配飯，
味道和起司相似得令人稱奇。
豆腐用味噌醃漬過後，

recipe for
CHEESE

豆腐製成

味噌漬起司豆腐

保存期限：冷藏保存約1週　零麩質　純素

材料〔分量約320g〕

木棉豆腐（可用板豆腐替代／去除水分）……400g

混合調味料
味噌……200g
酒……1大匙
味醂……1大匙

作法

1 在豆腐各面均勻塗抹混合調味料後裝入密閉容器中，放入冰箱冷藏靜置半天至1天。

2 醃漬到喜歡的程度後，擦去表面的混合調味料，再分切成小塊即可食用。

POINT ‖ 擦拭下來的混合調味料可以再運用到其他的料理中。

recipe for

CHEESE

豆腐製成

香草菲達起司

保存期限：冷藏保存約1週

零麩質　純素

帶有濃郁羅勒、奧勒岡香氣的菲達起司，
不論是直接吃，或是搭配希臘沙拉（P.34）都很好吃。
請淋上大量的橄欖油，細細品嚐看看吧。

1

2

3

recipe for

CHEESE

香草菲達起司

材料〔分量約240g〕

A
- 木棉豆腐（可用板豆腐替代／去除水分）……200g
- 大蒜（去除芽，切末）……1/2瓣
- 無味椰子油（隔水加熱至融化）……4大匙
- 橄欖油……1大匙
- 檸檬汁……1.5小匙
- 蘋果醋……1.5小匙
- 白味噌……1小匙
- 鹽……略少於1/2小匙

B
- 羅勒（乾燥）……1/2小匙
- 奧勒岡（乾燥）……1/4小匙

配料
- 橄欖油……適量

作法

1 將材料A放入食物調理機中，攪拌到質地呈現綿滑狀。

2 加入材料B後，分多次攪拌到均勻混合。

3 在容器（方形調理盤）上鋪一層保鮮膜，再倒入步驟2。用抹刀或刮板平均鋪成2公分的厚度後，再覆蓋上一層保鮮膜。

4 將整個容器放入冰箱，冷藏一個晚上至凝固。

5 香草菲達起司建議食用前再從冰箱中取出，避免置於室溫太久而軟化。切成2公分的正方體，或是撕成小塊都可以，再淋上適量橄欖油即完成。

POINT
1 食物調理機也可以用研磨缽代替。
2 如果有豆腐成型器或活動模具，只要在步驟3中將基底倒入模具中再抹平表面，就可以輕鬆成型。
3 檸檬的酸度會受到品種和產地影響而不同，請依照實際狀況調整檸檬汁的用量。

享受美味又簡單的希臘鄉村沙拉。
盡情撒在新鮮的沙拉上，
將香草菲達起司撕成大塊，

arrange recipe

SALAD

希臘沙拉

（Greek salad／Horiatiki salad）

使用起司 香草菲達起司　零麩質　純素

材料〔分量為4人份〕

番茄（切滾刀塊）……3顆
小黃瓜（切半圓片）……2根
甜椒（切小塊）……1/2顆
紫洋蔥（去皮，切絲）……1/4顆
A 檸檬汁……2大匙
A 橄欖油……2大匙
A 奧勒岡（乾燥）……1/4小匙
鹽……1小撮
胡椒……少許
B 黑橄欖……15顆
B 酸豆（沒有可省略）……1大匙
香草菲達起司（P.30）……食譜1份的量
橄欖油……適量

作法

1 在調理盆裡放入番茄、小黃瓜、甜椒、紫洋蔥，再加入材料A和鹽、胡椒拌勻。

2 接著盛盤到具有深度的容器中，撒上材料B。

3 放上撕成大塊的香草菲達起司，再均勻淋上橄欖油即完成。

日晒番茄乾和羅勒相輔相成，
結合成充滿義大利風味的起司乳酪，
請抹在餅乾或麵包上盡情品嚐。

recipe for
CHEESE

豆腐製成

日晒番茄乾與羅勒起司乳酪

保存期限：冷藏保存約1週　零麩質　純素

材料〔分量約260g〕

木棉豆腐（可用板豆腐替代／去除水分）……200g
日晒番茄乾（切粗丁）……25g
大蒜（去除芽，切末）……1/2瓣
羅勒葉（切碎）……5g
無味椰子油（隔水加熱融化）……4大匙
檸檬汁……1小匙
白味噌……1小匙
鹽……酌量

作法

1 將羅勒葉以外的所有食材放入食物調理機中，攪拌至呈現滑順綿密。

2 分次加入羅勒葉，攪拌到完全均勻混合。

3 倒入鋪上保鮮膜的保存容器中，抹平表面。蓋上蓋子後，放入冰箱冷藏一個晚上至凝固。

4 建議食用前再從冰箱中取出，避免置於室溫太久而軟化。

POINT
1 食物調理機可以用研磨缽代替。
2 起司乳酪完成後會是保存容器的形狀，因此可事前選擇喜歡的形狀和尺寸即可。使用小型的活動蛋糕模或慕斯圈也很方便。如果用的是慕斯圈，可以先在盤子上鋪張烘焙紙後放上慕斯圈，再直接倒入起司乳酪基底，等凝固後取出即可。

喜歡微辣蒜味的人，一定無法抗拒。
來自法國的伯森起司，也有人稱「波爾斯因起司」。
散發出大蒜和新鮮香草的香氣，

recipe for
CHEESE

豆腐製成
伯森起司

保存期限：冷藏保存約1週　零麩質　純素

材料〔分量約250g〕

木棉豆腐（可用板豆腐替代／去除水分）………200g
大蒜（去除芽，切末）…2瓣（10g）
無味椰子油（隔水加熱至融化）………4大匙
檸檬汁………1大匙
鹽………1/2小匙

A
巴西里（切末）………1/2大匙
蔥（選擇比較嫩的細蔥或珠蔥，切末）………1/2大匙

作法

1 將材料A以外的所有食材放入食物調理機中，攪拌至滑順綿密。

2 分次加入材料A後，攪拌到完全均勻混合。

3 在喜歡的保存容器中鋪上保鮮膜或起司濾布，再倒入攪拌完成的基底，將表面抹平。蓋上蓋子後，放入冰箱冷藏一個晚上至凝固即完成。

4 假如使用起司濾布，起司凝固後必須先取出濾布後再將起司放回容器中，冷藏保存。建議食用前再從冰箱中取出，避免置於室溫太久而軟化。單純當作餅乾的抹醬，就能品嚐到絕佳風味。

POINT
1 食物調理機可以用研磨缽代替。
2 起司完成後會是保存容器的形狀，因此可事前選擇喜歡的形狀和尺寸。

讓餐桌上的氣氛一口氣達到高點。
做成彩虹般的七色主食沙拉，
以大量色彩豐富的蔬菜，

arrange recipe

SALAD

彩虹沙拉

使用起司 伯森起司　零麩質　純素

材料〔分量為4人份〕

萵苣……1顆（約300g）
小番茄（對半切）……約100g
小黃瓜（切丁，先切厚圓片再切1/4）……1根
豆腐炒蛋（P.152）……食譜1/2份的量
伯森起司（P.38，剝碎）……適量
酪梨（去皮去籽，切丁）……1顆
紅蘿蔔（去皮，切絲）……1/2～1根
紫色高麗菜（切粗丁）……1/4顆

沙拉醬

橄欖油……60ml
紅酒醋……2大匙
楓糖漿……1.5大匙
黃芥末醬……1小匙
鹽……3/4小匙
胡椒……少許

作法

1 萵苣用手撕成一口大小後，先鋪在盤底。
2 依序將剩下的各個食材排列上去。
3 將沙拉醬的所有材料混勻。
4 食用前淋上沙拉醬即完成。

POINT ‖ 如果沒有要立即食用，可以在酪梨上滴檸檬汁避免變色。

recipe for

CHEESE

豆漿製成

瑞可塔起司

保存期限：冷藏保存約1週

零麩質　純素

在加熱過的豆漿中加入檸檬汁，
靜待其分離後再過濾，
完成超簡單的瑞可塔純素起司。
用來代替市售瑞可塔或茅屋起司，
盡情享用美味的料理吧。

1

2

5

5

6

recipe for

CHEESE

瑞可塔起司

材料〔分量約380g〕

無添加的純豆漿	1L	鹽	1/4小匙
檸檬汁	60ml		

作法

1 將豆漿倒入鍋中，一邊用中火加熱，一邊用刮刀小心攪拌，避免燒焦。等豆漿溫度到達60度後即可關火。

2 加入檸檬汁，輕輕攪拌幾次後靜置15分鐘，豆漿會開始分離，凝固成像豆花般的狀態。

3 在調理盆上架一個篩網，鋪兩層起司濾布後，放入步驟2的成品。

4 抓起濾布兩端輕輕扭轉、封住開口，確保裡頭半凝固的豆漿不會流出來。

5 靜置30分鐘至1小時，濾出其中的乳清（從豆漿分離出的淺黃色液體）。

6 濾掉乳清後，再用雙手輕輕擠壓出更多水分。

7 將起司從濾布移到調理盆中，加鹽調味後放入保存容器中，冷藏保存。

POINT

1 檸檬汁可以用3大匙的蘋果醋代替。

2 分離出來的乳清，可以代替水，用來烹調湯品、燉菜或咖哩等料理。

是一道充滿驚喜感的無麩質料理。
用削成薄片的蕪菁取代義大利餃的麵皮，
這道前菜即使在派對上端出來也絲毫不遜色。

arrange recipe
PASTA

蕪菁義大利餃

使用起司 瑞可塔起司、帕瑪森起司粉　零麩質　純素

材料〔分量為4人份〕

蕪菁 ------ 3～4個（中等大小）
橄欖油 ------ 適量
鹽 ------ 1小撮

配料
橄欖油 ------ 適量
帕瑪森起司粉（P.76） ------ 適量
巴西里（切碎） ------ 少許
粗粒黑胡椒 ------ 少許

A
瑞可塔起司（P.42） ------ 食譜1份的量
巴西里（切碎） ------ 2小匙
營養酵母 ------ 2小匙
檸檬皮屑 ------ 1顆的量
檸檬汁 ------ 1.5小匙
鹽 ------ 1/4小匙
胡椒 ------ 少許

作法

1 蕪菁去皮後，削成0.1公分的薄片，放入調理盆中。來回淋上橄欖油、撒鹽後拌勻，靜置幾分鐘至出水。

2 將材料A放入另一個調理盆中拌勻。

3 蕪菁片出水後，稍微拭乾水分。在盤子上依照想要做的數量排好蕪菁片。

4 用湯匙挖出適量步驟2，放到蕪菁片中間，再疊上另一片蕪菁，稍微輕壓固定。

5 在做好的步驟4來回淋上橄欖油，撒上適量的帕瑪森起司粉、巴西里及粗粒黑胡椒即完成。

POINT　每個義大利餃需要用到2片蕪菁，必須在開始製作前先估算好要使用的量。

參加派對或是送人都很適合。
填入滿滿的瑞可塔香草餡，
擺滿莓果的塔皮中間，

arrange recipe
DESSERT

瑞可塔起司莓果塔

使用起司 瑞可塔起司　零麩質　純素

材料〔分量為直徑18公分的塔1個〕

塔皮

- 生杏仁果 ……… 200g
- 椰棗（去籽）……… 100g
- 無味椰子油（隔水加熱至融化）……… 1大匙
- 香草精 ……… 1/2小匙
- 鹽 ……… 少許

光澤果膠

- 水 ……… 50ml
- 龍舌蘭糖漿 ……… 1小匙
- 寒天粉 ……… 1/2小匙

瑞可塔香草餡

- 冰過的瑞可塔起司（P.42）……… 食譜1份的量
- 無味椰子油（隔水加熱至融化）……… 4.5大匙
- 楓糖漿 ……… 2大匙
- 檸檬皮屑 ……… 1顆的量
- 檸檬汁 ……… 1大匙
- 香草精 ……… 1.5小匙

喜歡的莓果（如草莓、藍莓、覆盆子）……… 約300g

作法

1 首先製作塔皮。用食物調理機將生杏仁果和椰棗攪打細碎，接著放入塔皮的其他材料，均勻攪拌成團。

2 在塔模上塗抹少許油（材料分量外）後，放入步驟*1*的麵團，將麵團沿著塔模鋪開並用力壓實後，放入冰箱冷藏備用。

3 在調理盆中混合瑞可塔香草餡的所有材料後，倒入塔皮中，再將表面抹平並放上莓果。

4 將光澤果膠的材料放入鍋中，用小火一邊加熱一邊攪拌，等沸騰後再續煮2分鐘。接著用刷子將光澤果膠快速塗到莓果表面，然後放入冰箱冷藏至完全凝固即完成。

看起來小巧可愛又充滿時尚感。
一個個裝在單人份的小容器中，
做成完全不含麩質的提拉米蘇。
用咖啡米麵包代替手指餅乾，

arrange recipe
DESSERT

提拉米蘇

使用起司 瑞可塔起司　零麩質　純素

材料〔分量為4人份〕

咖啡米麵包

- 米粉 ---- 180g
- 黍砂糖（一種日本砂糖，可用二號砂糖替代）---- 80g
- 無鋁泡打粉 ---- 2.5小匙
- 無添加的純豆漿 ---- 200ml
- 葡萄籽油 ---- 2大匙
- 即溶咖啡粉 ---- 1大匙

馬斯卡彭風味奶油

- 冰過的瑞可塔起司（P.42） ---- 食譜1份的量
- 椰子打發鮮奶油（P.150） ---- 食譜1份的量
- 龍舌蘭糖漿 ---- 2大匙

濃縮咖啡 ---- 適量
可可粉 ---- 適量

作法

1 在調理盆中放入米粉、黍砂糖和無鋁泡打粉拌勻。

2 在另一個調理盆中，放入咖啡米麵包的剩餘材料拌勻。

3 將步驟1倒入步驟2中混合。接著準備4個馬芬紙杯，倒入混合好的麵糊，大約裝到3/4的高度，蒸15～30分鐘。蒸好後用竹籤戳戳看，如果竹籤上沒有沾黏麵糊就表示已經蒸好，可以放涼備用。

4 把馬斯卡彭風味奶油的所有材料，放入果汁機或食物調理機中混合拌勻。

5 將蒸好的麵包的上層先切平，再橫向剖開成2片圓片。將一片蒸麵包放入杯子底部，倒入濃縮咖啡至完全吸收進蒸麵包中後，在上面倒入馬斯卡彭風味奶油。接著再次重複這個步驟。中間如果有空隙，可以用先前切下來的蒸麵包碎片補滿。

6 放入冰箱冷藏靜置一晚後，撒上可可粉就完成了。

剛做好時黏稠濃郁，冷凍後就會凝固。
需要時再隨時切片，
或是刨成起司絲撒在料理上。

recipe for
CHEESE

豆漿製成

漿狀莫札瑞拉起司

保存期限：冷凍保存約1個月　零麩質　純素

材料〔分量約360g〕

白玉粉（日本糯米粉）	4大匙	營養酵母	1小匙
無添加的純豆漿	300ml	白味噌	1.5大匙
無味椰子油（隔水加熱至融化）	2大匙	檸檬汁	2小匙
橄欖油	1大匙	鹽	略少於1/2小匙

作法

1 先把白玉粉放入食物調理機或果汁機中，攪拌成細緻的粉狀。接著倒入其他材料，均勻攪拌至滑順的質地。

2 將步驟1放入鍋中，為了避免白玉粉結塊，一邊用刮刀攪拌，一邊以小火慢慢加熱。等開始有點沸騰的時候，再持續加熱幾分鐘，並用打蛋器攪拌到整體變得濃稠、出現光澤感。

3 完成後即可用來當沾醬、醬汁，或是在製作創意料理時使用。

POINT
1 想要冷凍保存時，請先放冷，再裝入鋪有保鮮膜的容器中。
2 冷凍後可以切片，或是用起司刨刀刨成絲使用。
3 直接裝在切成一半的豆漿紙盒中冷凍也很方便。

取代白醬或料理塊，煮出自成一格的奶油燉菜。
用濃稠牽絲的莫札瑞拉起司，

arrange recipe

SOUP

豆漿奶油燉菜

使用起司 漿狀莫札瑞拉起司　零麩質　純素

材料〔分量為4人份〕

純素奶油（P.142）或橄欖油 …… 1大匙
馬鈴薯（去皮，切成一口大小）…… 1顆
紅蘿蔔（去皮，切滾刀塊）…… 1根
洋蔥（去皮，切塊）…… 1/2顆
水 …… 300ml
白葡萄酒 …… 50ml
月桂葉 …… 2片
楓糖漿 …… 適量
肉豆蔻 …… 少許
鹽 …… 1/2小匙
胡椒 …… 少許

A
漿狀莫札瑞拉起司（P.52，若是冷凍需先解凍）…… 食譜1/2份的量
無添加的純豆漿 …… 250ml
白味噌 …… 1大匙
白玉粉 …… 1大匙

巴西里（切碎）…… 少許

作法

1 將純素奶油放到鍋中，以中火加熱到融化後，把馬鈴薯、紅蘿蔔、洋蔥放進去炒。

2 炒到洋蔥呈半透明狀後，加入水、白葡萄酒、月桂葉。蓋上蓋子稍微燜煮10分鐘，煮到鍋中的食材都變軟。

3 將材料A放入果汁機中，攪拌到均勻綿滑。

4 取出月桂葉後，將步驟3倒入步驟2中拌勻。持續煮幾分鐘，等燉菜變得濃稠後，就可以加入楓糖漿、肉豆蔻、鹽、胡椒調味。

5 完成後盛入碗中，撒上切碎的巴西里即完成。

不只健康，口腹之欲也能徹底滿足！
不含麩質成分的素食披薩。
使用花椰菜做成麵團，

arrange recipe

PIZZA

花椰菜披薩

使用起司 漿狀莫札瑞拉起司　零麩質　純素

材料〔分量為4人份〕

花椰菜披薩麵團

- 花椰菜 …… 1顆（約380g）
- 奇亞籽 …… 3大匙
- 製作杏仁奶（P.138）的堅果渣 …… 食譜1份的量
- 大蒜（切末） …… 2瓣
- 橄欖油 …… 1大匙
- 太白粉 …… 1大匙
- 奧勒岡（乾燥） …… 1小匙
- 鹽 …… 1/4小匙

披薩醬

- A 水煮番茄罐頭 …… 1罐（400g）
- A 羅勒（乾燥） …… 1/2小匙
- A 奧勒岡（乾燥） …… 1/2小匙
- 橄欖油 …… 1大匙
- 大蒜（切末） …… 2瓣
- 楓糖漿 …… 1小匙
- 鹽 …… 1/4小匙
- 胡椒 …… 少許

喜歡的蔬菜（切薄片） …… 適量
冷凍的漿狀莫札瑞拉起司（P.52） …… 食譜1/4份的量

作法

1. 花椰菜汆燙大約10分鐘後撈出、放涼，用食物調理機攪打成碎狀，再包進紗布中，用力擠出裡面的水分。奇亞籽則攪打成粉狀。
2. 在調理盆中放入步驟*1*的花椰菜、奇亞籽，還有**花椰菜披薩麵團**的其他材料後，用手揉成麵團。接著拿兩層烘焙紙把麵團夾在中間，用擀麵棍擀成0.5公分厚度的餅皮，再撕掉上方的烘焙紙。
3. 將餅皮連同底部的烘焙紙放到烤盤上，放入預熱到200度的烤箱中，烤約20分鐘。等餅皮上色後翻面，再烤10～15分鐘。
4. 將水煮番茄罐頭用果汁機打成泥狀。中火熱鍋後，放入橄欖油和大蒜炒香，再加入材料A，煮10～15分鐘。等到多餘的水分揮發後，以楓糖漿、鹽、胡椒調味，做成披薩醬。
5. 披薩醬均勻抹在烤好的餅皮上，再撒上刨絲或切片的莫札瑞拉起司和喜歡的蔬菜。放入烤箱烤10～15分鐘，直到起司融化。

和茄汁的酸度形成和諧的滋味。
包著滿滿的濃稠莫札瑞拉起司，
用米飯做成的可樂餅中，

arrange recipe
RICE

米可樂餅

使用起司 漿狀莫札瑞拉起司 純素

材料〔分量為4人份〕

白飯 500g
冷凍的漿狀莫札瑞拉起司（P.52） 約60g
純素奶油（P.142）或橄欖油 1大匙
洋蔥（去皮，切小丁） 1/2顆
大蒜（切末） 2瓣
鹽 少量

番茄醬
水煮番茄罐頭 1罐（400g）
大蒜（切末） 2瓣
橄欖油 1大匙
奧勒岡（乾燥） 1小匙
楓糖漿 2小匙
鹽 1/2小匙
胡椒 少許

麵包粉 1杯
喜歡的炸油 適量

作法

1 首先做番茄醬。將水煮番茄罐頭用果汁機打成泥狀。平底鍋用中火熱鍋後，放入大蒜和橄欖油炒香，再加入番茄泥和奧勒岡煮20分鐘。等到多餘的水分都揮發掉後，再用楓糖漿、鹽、胡椒調味後關火。

2 取另一個平底鍋，同樣用中火熱鍋後，放入純素奶油、洋蔥，以及1小撮的鹽。炒到洋蔥呈現半透明的狀態後，再加入大蒜翻炒。

3 在步驟*2*的鍋中加入白飯、1/4小匙的鹽，稍微炒過後，把步驟*1*也加進去。炒到番茄醬汁均勻包覆在白飯上後，關火，放到調理盤中冷卻備用。

4 等到步驟*3*的飯冷卻後，切數個約1.5公分大小的莫札瑞拉起司，分別用飯包起來，做成一顆一顆的圓球。

5 將步驟*4*放在用食物調理機打碎的麵包粉上滾一滾，放入180度的熱油鍋中，炸到金黃酥脆。取出後趁熱撒上少許鹽即完成。

Organic
$6.00/bunch OR 3/$17.00

PACIFIC PARK
PACIFIC PARK
#PACIFICPARK

recipe for
CHEESE

豆漿製成
漿狀切達起司

保存期限：冷凍保存約**1個月**　　零麩質　　純素

剛做好時是流淌的濃郁切達起司醬，放冰箱冷凍凝固後則可以切片，或是用起司刨刀刨下來使用。

材料〔分量約360g〕

白玉粉（日本糯米粉）……4大匙	芝麻醬……1/4小匙
無添加的純豆漿……300ml	紅椒粉……1/4小匙
無味椰子油（隔水加熱至融化）……2大匙	薑黃粉……1小撮
營養酵母……2大匙	黃芥末粉……1小撮
白味噌……1.5大匙	檸檬汁……2小匙
	鹽……略少於1/2小匙

作 法

1. 先把白玉粉放入食物調理機或果汁機中攪拌成粉狀後，再放入純豆漿、椰子油等剩下的所有材料，攪拌到呈現均勻綿滑的質地。

2. 將步驟1放入鍋中，為了避免白玉粉結塊，一邊用刮刀攪拌，一邊以小火加熱。等到稍微冒泡沸騰後，繼續加熱幾分鐘，同時用打蛋器攪拌到出現濃稠度和光澤。

3. 完成後即可用來當沾醬、醬汁，或是製作創意料理時使用。冰凍後可刨絲或切片使用。

POINT ｜ 想要冷凍保存時，請先放冷後，再裝入鋪有保鮮膜的容器中。或直接裝在切成一半的豆漿紙盒中冷凍也很方便。

推薦給不愛有菜味的人。
卻絲毫沒有花椰菜味的起司濃湯。
明明放了大量花椰菜，

arrange recipe
SOUP

花椰菜起司濃湯

使用起司 漿狀切達起司　零麩質　純素

材料（分量為4人份）

純素奶油（P.142）或橄欖油 ---- 1大匙
洋蔥（去皮，切末）---- 1顆
花椰菜（切小塊）---- 1顆（約300g）
甜椒（黃、橘皆可，切小丁）---- 100g
水 ---- 300ml
檸檬汁 ---- 1.5小匙
鹽 ---- 略少於1/2小匙
胡椒 ---- 少許
椰子培根片（P.153，沒有可省略）---- 適量
巴西里（切碎）---- 少許

A
漿狀切達起司（P.62，若已冷凍需先解凍）---- 食譜1/2份的量
無添加的純豆漿 ---- 350ml
營養酵母 ---- 5大匙
白味噌 ---- 1.5大匙
芝麻醬 ---- 1小匙
紅椒粉 ---- 1/4小匙

作法

1 純素奶油放入鍋中後，開中火加熱，再放進洋蔥末和1小撮鹽（材料分量外）稍微拌炒。

2 炒到洋蔥呈半透明的狀態後，加入花椰菜、彩椒和水。蓋鍋蓋煮約15分鐘，直到食材變軟。

3 將步驟2的成品和材料A放入果汁機中，均勻攪打到呈現綿滑的質地。如果使用的果汁機不耐熱，記得先放涼降溫後再倒入攪打。

4 接著倒回鍋中加熱幾分鐘，再加入檸檬汁、鹽、胡椒調味即可。

5 盛盤後，撒點椰子培根片及切碎的巴西里即完成。

就算是討厭花椰菜的大人或小孩也會喜歡。
起司和花椰菜的味道完合契合，
在美國蔚為風行的花椰菜切達濃湯。

arrange recipe

SOUP

花椰菜切達濃湯

使用起司 漿狀切達起司　零麩質　純素

材料〔分量為4人份〕

純素奶油（P.142）或橄欖油 ---- 1大匙
洋蔥（去皮，切末）---- 1顆

A
- 花椰菜（切碎）---- 200g
- 紅蘿蔔（去皮，切絲）---- 1根
- 無添加的純豆漿 ---- 450ml
- 月桂葉 ---- 2片

B
- 無添加的純豆漿 ---- 200ml
- 漿狀切達起司（P.62，若已冷凍需先解凍）---- 食譜1/2份的量
- 營養酵母 ---- 4大匙
- 白味噌 ---- 1大匙

檸檬汁 ---- 1.5小匙
肉豆蔻 ---- 少許
鹽 ---- 1/2小匙
胡椒 ---- 少許

作法

1 純素奶油放入鍋中後，開中火加熱，再放進洋蔥末和1小撮鹽（材料分量外）稍微拌炒。

2 炒到洋蔥呈半透明的狀態後，加入材料A，蓋鍋蓋煮約10分鐘，直到食材變軟。

3 將材料B放入果汁機中，攪打到均勻綿密。

4 取出鍋中的月桂葉後，倒入步驟3的成品，再加熱幾分鐘，直到質地變濃稠。最後加入檸檬汁和肉豆蔻攪拌後，以鹽、胡椒調味。

POINT｜最後可以再依喜好額外刨些切達起司（P.126）或冷凍的漿狀切達起司（P.62），撒在濃湯上增加風味。

讓人完全失去抗拒的能力。
從吐司中流出來的濃郁起司，
這道菜在許多美式餐廳中都有著居高不下的人氣。

arrange recipe

BREAD

爆漿起司三明治

使用起司 漿狀切達起司　純素

材料（分量為1人份）

吐司	2片	純素奶油（P.142）	適量
純素美乃滋（P.144）	適量	漿狀切達起司（P.62）	適量

作法

1 取一片吐司，在表面抹少許美乃滋，另一面均勻抹一層奶油。

2 將漿狀切達起司抹在塗有美乃滋的那一面上。

3 平底鍋用小火加熱，將吐司抹奶油那面朝下，放入平底鍋中煎到金黃上色。

4 第一片吐司煎到上色後，在另一片吐司的其中一面塗上奶油後，把沒有塗奶油那面蓋在第一片吐司上，將整個三明治翻過來煎。

5 翻面後輕壓幾次，煎數分鐘到金黃上色即完成。

POINT 如果使用的是冷凍的起司，先切成厚度0.3公分左右的片狀，於步驟2時放在吐司上，並且在步驟3和步驟5煎的時候蓋上鍋蓋。

在烤大蒜的襯托之下，起司的味道更顯得出眾。
這是一道風味濃厚的焗烤料理。

arrange recipe

RICE

蒜香焗烤飯

使用起司 漿狀切達起司 零麩質 純素

材料〔分量為4人份〕

純素奶油（P.142）或橄欖油 1大匙
洋蔥（去皮，切末） 1/2顆
鴻禧菇 1包（約120g）
白飯 500g
鹽 1/4小匙
胡椒 少許

A
漿狀切達起司（P.62，若已冷凍需先解凍） 食譜1/2份的量
無添加的純豆漿 200ml
＊烤大蒜 1～2球
鹽 1/2小匙
胡椒 少許

帕瑪森起司粉（P.76） 適量
巴西里（切碎） 少許

作法

1 純素奶油放入鍋中後，開中火加熱，再放進洋蔥末和1小撮鹽（材料分量外）稍微拌炒。等洋蔥炒到半透明的狀態後，加入鴻禧菇炒軟，再加入白飯拌炒，並以鹽、胡椒調味。

2 將材料A放入果汁機中，攪打成綿滑的質地。

3 在焗烤盤的底部鋪上一層步驟*1*的成品，再鋪一層步驟*2*的成品。

4 放入已預熱至200度或以200度預熱10分鐘的烤箱中，溫度設定200度，烘烤約15～20分鐘，直到表面金黃上色。出爐後撒上帕瑪森起司粉和切碎的巴西里即完成。

＊烤大蒜的製作方法
將整球大蒜的頂部切掉後，淋上橄欖油，再用鋁箔紙包起來。放進已預熱至200度或以200度預熱10分鐘的烤箱，溫度設定200度，烘烤約30分鐘，直到大蒜軟化。稍微放涼後再取出蒜仁即可。

卻有著不輸普通奶油的濃稠綿密。
純素的白醬中不含任何乳製品或動物性成分，
焗烤跟馬鈴薯是永遠不退燒的組合。

arrange recipe

GRATIN

堅果奶焗馬鈴薯

使用起司 漿狀切達起司 零麩質 純素

材料〔分量為4人份〕

- 馬鈴薯……3顆（約500g）
- 純素奶油（P.142）……1小匙
- 冷凍的漿狀切達起司（P.62）……食譜1/4份的量
- 百里香（依喜好）……少許

A

- 腰果鮮奶油（P.140）……300ml
- 冷凍的漿狀切達起司（P.62，切小塊）……食譜1/4份的量
- 大蒜（切末）……3瓣
- 百里香（乾燥）……1/4小匙
- 鹽……3/4小匙
- 胡椒……少許

作法

1. 馬鈴薯去皮，再用削皮器削成約0.1公分厚度的薄片，並泡水10分鐘左右。在鍋裡裝充足的水，煮沸後放入馬鈴薯片，幾分鐘後馬鈴薯片會呈現半透明狀態，再用篩網撈起，稍微放涼備用。
2. 在調理盆中拌勻材料A後，放入馬鈴薯片輕拌，讓一片一片的薯片都裹到醬汁。
3. 在焗烤盤底部塗純素奶油後鋪入步驟2，表面抹平。再將切達起司削成薄片均勻鋪在表面。
4. 放入已預熱至200度或以200度預熱10分鐘的烤箱中，烘烤約40分鐘，直到表面起司融化、金黃上色，用竹籤戳可以輕鬆穿透的程度。
5. 出爐後靜置約10分鐘，再依喜好撒上百里香即完成。

POINT ‖ 總共使用約食譜一半分量的已冷凍的漿狀切達起司（P.62）。

LODGE

只要派對上出現這道菜，就絕對不會讓人失望。
在融化的起司鍋中，加入白葡萄酒做成大人口味。

recipe for
CHEESE

豆漿製成
起司鍋

零麩質　純素

材料〔分量為4人份〕

大蒜	1瓣
白玉粉（日本糯米粉）	4大匙
白葡萄酒	100ml
檸檬汁	1小匙
肉豆蔻	少許
鹽	略少於1/2小匙
胡椒	少許
麵包（切方丁）	適量
喜歡的蔬菜或水果	適量

A

無添加的純豆漿	200ml
無味椰子油（隔水加熱至融化）	2大匙
橄欖油	1大匙
白味噌	1大匙
營養酵母	1小匙
芝麻醬	1/4小匙
薑黃粉	1小撮
紅椒粉	1小撮
黃芥末粉	1小撮

作法

1. 準備起司鍋的鍋子。大蒜對半切開後，將其切面仔細塗抹在鍋面各處。
2. 在食物調理機或果汁機中放入白玉粉，攪拌成細緻的粉狀後，再加入材料A，攪拌到均勻綿滑的質地。
3. 在起司鍋的鍋子中加入白葡萄酒和步驟2，一邊攪拌一邊用中火加熱。等整體混合成塊後轉小火，用刮刀攪拌到微滾起泡。持續加熱數分鐘，並同時用打蛋器攪拌到出現濃稠度且呈現光澤感。
4. 最後加入檸檬汁、肉豆蔻和鹽、胡椒調味。
5. 用喜歡的麵包和蔬菜、水果沾著吃即可。

POINT｜這裡的食譜添加了白葡萄酒，如果是要給小孩吃的，也可以直接使用漿狀切達起司（P.62）當起司鍋。

都是十分活躍的萬能調味料。
不論是在沙拉還是義大利麵料理中，
簡單快速的純素帕瑪森起司，

recipe for

CHEESE

堅果製成

帕瑪森起司粉

保存期限：冷藏保存約1個月　零麩質　裸食　純素

材料〔分量約180g〕

生腰果（未泡水）……160g
營養酵母……5大匙
鹽……3/4小匙

不使用營養酵母的版本

生腰果（未泡水）……120g
松子（未泡水）……50g
白味噌……1小匙
鹽……1/2小匙

作法

1　把所有材料放入食物調理機中，攪打成粉末即可。

POINT
1 腰果不要泡水，保持在乾燥的狀態下製作。
2 沒有加營養酵母的版本，可能會因為白味噌本身的水氣，完成後呈現些許濕潤的顆粒狀，屬正常現象。

堆疊出唯妙唯肖的培根蛋黃風味。
用椰子培根片搭配喜馬拉雅黑鹽，
加入濃醇豆漿的純素培根蛋黃義大利麵，

arrange recipe

PASTA

培根蛋黃義大利麵

使用起司 帕瑪森起司粉 純素

材料〔分量為4人份〕

義大利直麵（乾燥）…… 400g
水 …… 2L
鹽 …… 20g

A
- 無添加的純豆漿 …… 300ml
- 橄欖油 …… 1大匙
- 營養酵母 …… 1大匙
- 喜馬拉雅黑鹽（或一般的鹽）…… 1/4小匙
- 粗粒黑胡椒 …… 適量

蘋果醋 …… 1小匙

B
- 椰子培根片（P.153）…… 適量
- 帕瑪森起司粉（P.76）…… 適量
- 巴西里（切碎）…… 少許
- 粗粒黑胡椒 …… 少許

作法

1 水裡加鹽及少許油（材料分量外）煮滾後，改中火放入義大利直麵煮到彈牙的程度。

2 趁煮義大利麵的空檔，把材料A放入平底鍋中，用小火加熱。

3 義大利麵煮好後瀝乾，放入步驟2的平底鍋中，充分拌勻（如果鍋裡有多餘的水分，混合時一邊開中火煮到水分揮發）。關火，淋上蘋果醋，稍微混合均勻。

4 盛盤，依序撒上材料B即完成。

POINT 喜馬拉雅黑鹽，又稱火山黑鹽，是一種含有硫磺的岩鹽。由於水煮後會散發出近似蛋的香氣和味道，在純素飲食中時常被用來重現蛋料理。這道經典的培根蛋黃義大利麵煮的時間不長，只要先做好帕瑪森起司粉和椰子培根片備用，隨時想吃的時候，煮個義大利麵，再把豆漿、橄欖油等食材加熱後拌一拌就可以吃了。

recipe for

CHEESE

堅果製成

墨西哥起司辣醬

保存期限：冷藏保存約3天

零麩質　純素

在五花八門的純素起司當中，
也有墨西哥起司辣醬這樣的重口味。
除了推薦用蔬菜棒沾著吃外，
也很適合運用在各式各樣的料理中。

1

2

3

4

5

recipe for

CHEESE

墨西哥起司辣醬

材料〔分量約570g〕

生腰果 80g
生葵花籽
（也可以用生腰果代替） 80g
白玉粉（日本糯米粉） 2小匙

A
紅甜椒（切小丁） 180g
檸檬汁 2大匙
楓糖漿 1.5大匙
水 60ml

B
營養酵母 3大匙
紅椒粉 1.5小匙
孜然粉 1.25大匙
墨西哥辣椒粉（可省略） 1小匙
卡宴辣椒粉或一味粉 1小撮
白味噌 1小匙
鹽 略少於1小匙

作法

1 生腰果和生葵花籽浸泡水中一個晚上，再用篩網撈起後洗淨。

2 將材料A放入果汁機中，攪拌到質地均勻滑順。

3 把步驟1和材料B依序加入果汁機中，攪拌到均勻綿滑。如果沒辦法打得很綿密，可以分次加入最小限度的水，幫助攪拌。

4 在果汁機中加入白玉粉，攪打均勻。

5 把步驟4倒入小鍋中，開中火一邊加熱一邊攪拌。等開始冒泡沸騰後，再略煮1分鐘左右即完成（過程中需不時攪拌）。

POINT

1 沒有時間浸泡腰果和葵花籽時，也可以改用滾水汆燙15分鐘，再以流水沖洗乾淨。假如沒辦法用果汁機打得很綿密，建議打完後再手動過篩一次（請參考P.19）。

2 如果想吃充滿酵素的裸食起司辣醬，就省略掉步驟5加熱的動作（裸食不能經過加熱調理，堅果類必須用浸泡的方式泡軟）。

鮮艷討喜的墨西哥起司辣醬玉米脆片，
是派對上不可少的吸睛料理。
作法簡單，視覺效果滿分。

arrange recipe
SNACK

墨西哥起司辣醬玉米脆片

使用起司 墨西哥起司辣醬　零麩質　純素

材料〔分量為4人份〕

莎莎醬

- 熟透大番茄（切小丁）……1顆
- 紫洋蔥或洋蔥（去皮，切小丁）……1/4顆
- 香菜（切末）……2大匙
- 大蒜（切末）……1瓣
- 檸檬汁或黃檸檬汁……1大匙
- 鹽……少許

酪梨醬

- 成熟酪梨……1顆
- 大蒜（切末）……1瓣
- 檸檬汁或黃檸檬汁……1大匙
- 鹽……少許

墨西哥起司辣醬（P.80）……食譜1份的量
玉米脆片……約250g
水煮紅豆（無糖）……約140g
蔥花……適量

作法

1 在調理盆中混合莎莎醬的所有材料。

2 製作酪梨醬。先將酪梨去皮去籽後放進調理盆中，用叉子壓成泥，接著加入大蒜和檸檬汁拌勻，用鹽調味。

3 準備墨西哥起司辣醬。若事先已做好備用，使用前要再用中火加熱還原。如果質地太過濃稠，可以適量加入少許水。

4 先在容器底部鋪一層玉米脆片，再淋一層起司辣醬。最後隨意放上水煮紅豆、莎莎醬和酪梨醬，撒上蔥花即完成。

POINT

1 莎莎醬如果沒有立即食用，必須放在冰箱冷藏保存。
2 酪梨醬遇到空氣容易氧化發黑，必須先在表面密封一層保鮮膜後，再放入冰箱冷藏。
3 起司辣醬建議擺盤前再從冰箱取出加熱。如果太早淋上去，玉米脆片吸收水分後就會變得濕軟不脆口，最好儘速食用完畢。

recipe for
CHEESE

堅果製成
起司沾醬

保存期限：冷藏保存約**3天**　　零麩質　裸食　純素

不僅是超人氣的純素料理，也是富含活力酵素的未調理裸食，當成沾醬或醬汁，都是大受好評的美味。

材料〔分量約540g〕

- 生腰果 ———— 200g
- A
  - 甜椒（黃色或橘色，切小丁）———— 180g
  - 檸檬汁 ———— 2大匙
  - 水 ———— 60ml
- 營養酵母 ———— 3大匙
- 白味噌 ———— 1小匙
- 薑黃粉 ———— 1小撮
- 鹽 ———— 略少於1小匙

作法

1. 將生腰果泡水2～4小時後，用篩網撈起、沖洗乾淨。
2. 將材料A放入果汁機中，攪打成均勻綿滑的質地。
3. 接著將其餘食材也全部放入果汁機中，同樣攪打到均勻綿滑。如果沒辦法打得滑順，可以分次加入最小限度的水，幫助攪拌。

POINT

1. 生腰果如果沒有時間泡水，可以改用滾水煮15分鐘，再以篩網撈起洗淨（但經過加熱調理就不能算是裸食）。
2. 若使用紅色的甜椒，完成後起司沾醬的顏色會偏橘紅。
3. 假如用果汁機攪打不出綿密的質地，建議最後再手動過篩一次（請參考P.19）。
4. 想要加熱時可以換成小鍋，開小火一邊攪拌一邊加溫（但經過加熱調理就不能算是裸食）。

起司通心粉是在美國收服各世代的寵兒，
甚至享有專屬mac & cheese的暱稱。
如果家裡有常備的椰子培根片，
還能輕鬆重現完美的培根起司通心粉。

arrange recipe

PASTA

起司通心粉

使用起司 起司沾醬　純素

材料〔分量為4人份〕

通心粉（乾燥）	300g
水	2L
鹽	20g
起司沾醬（P.86）	食譜1份的量
煮通心粉的水	約200ml
鹽	1/4小匙
胡椒	少許

A

麵包粉（事先稍微乾煎）	1/2杯
帕瑪森起司粉（P.76，沒有可省略）	適量
椰子培根片（P.153，沒有可省略）	適量
巴西里（切碎）	少許

作法

1 將2L的水裡加入20g鹽後煮滾，放入通心粉煮到彈牙的程度。

2 趁煮通心粉的空檔，把起司沾醬倒入平底鍋中，用小火加熱（過程中必須不斷攪拌，避免燒焦）。

3 通心粉煮好後瀝乾，放入步驟2的平底鍋中，一邊拌勻一邊加入適量煮通心粉的水。

4 用鹽和胡椒調味後，盛盤，依序撒上材料A。

POINT

1 如果添加了椰子培根片，因其本身帶有鹹味，建議略微減少步驟4中的鹽量。

2 這道料理中的起司沾醬，也可以改用無油蔬菜起司醬（P.90）試試。

正在減脂中的人也能放心享用。
拌入義大利麵或當成醬汁、沾醬都很搭，
用甜椒和燕麥製成的無油低卡起司醬，

recipe for
CHEESE

蔬菜製成

無油蔬菜起司醬

保存期限：冷藏保存約3天　零麩質　純素

材料〔分量約680g〕

紅甜椒（切小丁）180g	紅椒粉 1/4小匙
燕麥 100g	黃芥末粉 1小撮
水 400ml	鹽 3/4小匙
白味噌 2.5大匙	檸檬汁 1.5小匙
營養酵母 6大匙	

作法

1 將檸檬汁以外的所有材料放入果汁機中，攪拌到質地綿滑。

2 倒入小鍋中，用中火一邊攪拌一邊加熱。煮約7分鐘，直到表面呈現光澤感、變得濃稠。

3 加入檸檬汁，拌勻後關火即完成。倒入烤好的蔬菜中享用相當美味。

POINT
1 如果用果汁機打出來的質地不夠綿滑，建議多增加一道手動過篩的程序（請參考P.19）。
2 這道無油蔬菜起司醬，也可以用來取代起司沾醬，做出P.88的起司通心粉。

打造充滿奢華感的裸食起司蛋糕。
用藍莓果醬在光滑的蛋糕表面，
劃出細緻美麗的大理石紋路，

recipe for
DESSERT

堅果製成

莓果漩渦起司蛋糕

保存期限：冷凍保存約1週　零麩質　裸食　純素

材料〔分量為直徑18公分的蛋糕1個〕

餅乾底

- 生杏仁 120g
- 椰棗 60g
- 無味椰子油（隔水加熱至融化） 1大匙
- 香草精 1/2小匙
- 鹽 少許

起司蛋糕體

- 生腰果 300g
- 無味椰子油（隔水加熱至融化） 150ml
- 龍舌蘭糖漿 140ml
- 檸檬皮屑 2顆的量
- 檸檬汁 120ml
- 水 100ml
- 香草精 1.5小匙
- 鹽 1/4小匙

藍莓醬

- 藍莓 120g
- 無味椰子油（隔水加熱至融化） 2大匙
- 楓糖漿 1.5大匙
- 檸檬汁 1小匙

作法

1. 將生腰果泡水2～4小時後，用篩網撈起並沖洗乾淨。
2. 將生杏仁和椰棗放進食物調理機中打碎，再加入餅乾底的其他材料，攪拌均勻。
3. 在蛋糕模具內層先抹一層油（材料分量外）後，將步驟2填入底部壓實，放冰箱冷藏備用。
4. 將泡過的生腰果和起司蛋糕體的其他材料放入果汁機中，攪拌成綿滑的質地。取出1/4杯備用，其餘倒入步驟3的蛋糕模具中。
5. 將藍莓醬的所有材料用果汁機攪拌均勻，再用篩網過濾。
6. 分別在蛋糕表面幾個地方淋上少許藍莓醬和步驟4保留的起司蛋糕體，用竹籤在表面劃幾個「8字型」，做出大理石紋。接著放冰箱冷凍一晚凝固即完成。

POINT｜沒有時間浸泡腰果時，可以改成水煮15分鐘，再以篩網撈起，用冷水洗淨（但經過加熱調理，就不算裸食）。

Santa Monica

Sweet
Onions
$2.50
LB

經過發酵的純素起司

本章節中即將介紹的發酵純素起司，
僅僅是多了一道發酵程序而已，
作法依然相當簡單。
快來用自製的純素起司，
端出一盤華麗的起司拼盤吧！

FERMENTED VEGAN CHEESE

用途多元，在各領域都備受討論。
也是用來發酵起司的優良酵母，
自製鹽麴是廚房裡的萬能調味料，

recipe for

CHEESE STARTER

純素發酵食品

鹽麴

保存期限：冷藏保存約3個月　零麩質　裸食　純素

材料〔方便製作的分量〕

米麴	200g	純水或是礦泉水	適量
鹽	60g		

作法

1 混合米麴和鹽。

2 接著裝入乾淨的玻璃瓶中，再倒水至淹過米麴為止。充分混合後蓋上蓋子。

3 將玻璃瓶放在陽光不會直射的地方，進行常溫發酵。每天攪拌一次，如果隔天米麴吸收水分後瓶中水量降低，就必須再加水至淹過米麴。

4 發酵所需時間大約是夏天1週、冬天2週。打開後聞到淡淡的發酵甜香，米麴顆粒變得柔軟後，就表示發酵完成了。密封之後即可放冰箱冷藏保存。

POINT ‖ 因發酵過程中會產生氣體，建議使用略大的玻璃瓶。

先讓穀物發芽後再緊接著發酵，製成植物性的健康乳酸飲品，也時常被運用在純素起司的發酵上。

recipe for

CHEESE STARTER

純素發酵食品

糙米發酵水

保存期限：冷藏保存約2週　零麩質　裸食　純素

材料（分量為1L）

糙米（經過日晒乾燥）---------- 1米杯　　純水或礦泉水 ---------- 1L

作法

1. 糙米泡水一個晚上（浸泡用的水在材料分量外）。
2. 將泡過水的糙米洗淨瀝乾。在調理盆上架一個篩網，把糙米薄薄平鋪一層在篩網上，再蓋一塊乾淨的布，靜置在常溫中等待萌芽。一天用水沖洗糙米（連同篩網）兩次，大約1～2天的時間就會冒出小小的芽。
3. 糙米發芽後用清水沖洗乾淨，即可和1L的水一起裝入乾淨的玻璃瓶中。拿一張餐巾紙蓋住瓶口，再用橡皮筋束起來封住瓶口。
4. 將玻璃瓶放在陽光不會直射的地方常溫發酵，夏季大約半天至1天，冬季則需要1～2天。看到水裡冒出一點一點的小氣泡，表示正在發酵中。
5. 等到瓶裡的水稍微混濁，搖晃瓶身會噗嚕噗嚕冒出泡泡，就表示發酵差不多完成了。用篩網過濾掉發芽糙米後，剩下的發酵水裝入密封容器中，即可放冰箱冷藏保存。

POINT

1 發酵水正常來說帶有些許酵母的香氣，喝起來清爽順口。如果打開後聞到異常臭味或是難以入喉，請丟棄不要使用，重頭再做一次。
2 盡可能選擇有機的糙米。
3 用完的糙米洗淨後可以煮熟食用，或是加水再發酵一次。使用已經發酵過的糙米再次製作發酵水時，完成的速度更快，需要縮短靜置時間。

發芽糙米

Ball
MASON

很適合用來幫助起司發酵。
含有豐富乳酸菌的醃漬液，
來自歐洲的乳酸發酵高麗菜中，

recipe for

CHEESE STARTER

純素發酵食品

德國酸菜

保存期限：冷藏保存約1個月　零麩質　裸食　純素

材料〔方便製作的分量〕

高麗菜或紫色高麗菜 ---------- 1kg
鹽 ---------- 4小匙

作法

1 剝下高麗菜外層2片大葉子備用，其餘切成粗絲（也可以依照喜歡的口感切成細絲）。

2 在調理盆中加入高麗菜絲和鹽，用手搓揉到高麗菜絲軟化，接著靜置15分鐘到出水，這個水分即為醃漬液。

3 準備一個大的乾淨玻璃瓶，一邊分次少量塞入高麗菜絲一邊用力壓實，讓中間沒有空隙。最後再倒入調理盆底部的醃漬液。

4 將步驟1備用的葉子塞入瓶中，封住高麗菜絲後往下壓，讓高麗菜絲完全浸泡到醃漬液中。可依喜好加入1大匙凱莉茴香及少許月桂葉（材料分量外，如果之後要使用醃漬液來發酵起司，就不要加）。醃漬液表面和瓶口建議保留3公分的空間，以免發酵時產生氣體，導致瓶裡的液體往外流、溢出瓶外。

5 玻璃瓶輕輕蓋上蓋子後，放置到陽光不會直射的地方，常溫發酵3天至2週。發酵程度依喜好決定，過程中打開試試味道，如果覺得酸度剛好，就可以密封起來冷藏保存。

POINT
1 如果使用紫色高麗菜，醃漬液就會呈現紫色。
2 發酵3天後的醃漬液即可用來發酵起司，倒出醃漬液後，其餘酸菜冷藏保存。

recipe for

CHEESE

堅果製成

奶油乳酪

保存期限：冷藏保存約2週

零麩質　裸食　純素

僅僅是增加一道發酵的程序而已，
就能徹底擄獲奶油乳酪愛好者的口味。
在切開的貝果上厚厚塗抹一層，
或是搭配蘇打餅乾都非常對味。

1

2

recipe for

CHEESE

奶油乳酪

材料〔分量約480g〕

發酵材料

- 生腰果 ---------- 200g
- 糙米發酵水（P.100）------ 200ml

調味材料

- 無味椰子油（隔水加熱至融化）---------- 4大匙
- 檸檬汁 ---------- 2小匙
- 鹽 ---------- 略少於1/2小匙

作法

1 將發酵材料依照P.22～P.23的步驟進行發酵。發酵所需時間約為1天。

2 等步驟1發酵完成後，倒入調理盆中，加入調味材料充分拌勻。

3 接著放入保存容器中，放冰箱冷藏一個晚上凝固。奶油乳酪在常溫中容易軟化，建議食用前再從冰箱中取出。

紅蘿蔔削成薄薄的片狀，
利用醃漬仿效煙燻鮭魚的風味，
做成紐約風格的燻鮭貝果三明治。

arrange recipe

BREAD

紅蘿蔔煙燻鮭佐奶油乳酪貝果三明治

使用起司 奶油乳酪　純素

材料〔分量為4人份〕

貝果 ---------- 2～4個（依大小而定）
奶油乳酪（P.104） ---------- 適量
紫洋蔥（去皮，切薄片） ---------- 約12～24片
酸豆 ---------- 適量
蒔蘿 ---------- 適量

紅蘿蔔燻鮭片
紅蘿蔔 ---------- 2根（約200g）
橄欖油 ---------- 2小匙
鹽 ---------- 1小撮

醃漬液
醬油 ---------- 2小匙
煙燻液（沒有可省略） ---------- 1/2小匙
水 ---------- 60ml
鹽 ---------- 1小撮
胡椒 ---------- 少許

作法

1. 紅蘿蔔連皮放到烤盤上，均勻塗上橄欖油和1小撮鹽。放入預熱至200度或以200度預熱10分鐘的烤箱中烤30～40分鐘，直到用竹籤可以輕易穿透的程度後，放涼。
2. 用削皮刀將紅蘿蔔削成如煙燻鮭魚片般的薄片。
3. 混合醃漬液的所有材料後，將紅蘿蔔片泡進去，放冰箱冷藏靜置1個小時，即完成有如燻鮭片的紅蘿蔔。
4. 貝果剖半後稍微烤過，再抹一層奶油乳酪。接著從醃漬液中取出紅蘿蔔燻鮭片，在貝果上疊出一點高度後，放上紫洋蔥片、酸豆和蒔蘿裝飾即完成。

POINT 煙燻液是一種很方便的調味料，不需要經過麻煩的煙燻過程，就能輕鬆做出煙燻風味。每個品牌煙燻液的香氣和濃度都不同，選擇喜歡的即可。我個人推薦日本Smoke Kitchen和美國Wright' s的產品。

兼顧美容和健康的雙重功效。
含有乳酸菌和可可粉優異的抗氧化力，
在松露巧克力豐富濃郁的口味中，

arrange recipe

DESSERT

奶油乳酪
松露巧克力

使用起司 奶油乳酪　零麩質　裸食　純素

材料〔分量約30顆〕

奶油乳酪（P.104）---食譜1份的量
生可可粉 ---------- 40g
椰糖 ---------- 120g
寒天粉 ---------- 2大匙
無味椰子油（隔水加熱至融化）---------- 90ml
香草精 ---------- 1.5小匙

作法

1 將所有材料放入食物調理機中，攪打到均勻滑順的質地。接著放入冰箱冷藏4小時至凝固。

2 等凝固後取出，用1小匙的量匙挖出一顆一顆的巧克力，用手整形成喜好尺寸的圓形後，排列到鋪有烘焙紙的調理盤上。全部完成後，再次放入冰箱冷藏30分鐘至1小時，直到變硬為止。

3 從冰箱中取出巧克力，放到可可粉（材料分量外）上滾一滾，讓表面均勻裹一層可可粉。

4 放入密閉容器中冷藏保存。松露巧克力在室溫中容易軟化，建議食用前再從冰箱中取出。

POINT ‖ 生可可粉可以用一般可可粉取代，椰糖也可以換成黍砂糖。但因為替代材料非自然食材，替換後就不屬於裸食。

recipe for

CHEESE

堅果製成

香草契福瑞起司

保存期限：冷藏保存約1週

零麩質　裸食　純素

表面包裹著香草的契福瑞起司，
引人注目的亮麗外表，
即使在華麗的派對料理或是起司拼盤中，
也絲毫不擔心被淹沒，存在感十足。

1

2

3

recipe for

CHEESE

香草契福瑞起司

材料〔分量約200g〕

發酵材料

- 生杏仁果 ---- 100g
- 純水或礦泉水 ---- 120ml
- 鹽麴（P.98） ---- 1大匙

調味材料

- 營養酵母 ---- 1/2小匙
- 檸檬汁 ---- 1/2小匙
- 鹽 ---- 適量

百里香（新鮮、切碎） ---- 1.5大匙

迷迭香（新鮮、切碎） ---- 1.5大匙

作法

1 將發酵材料依照P.22～P.23的步驟進行發酵。發酵所需時間大約是半天至1天。發酵完成後倒入調理盆中，再加入調味材料充分混合。

2 將步驟1放到烘焙紙上後，捲成圓柱狀的起司（大小依照自己喜好即可）。

3 混合百里香和迷迭香，撒到烘焙紙上。接著將圓柱狀的起司滾過去，讓起司表面均勻裹滿一層碎香草。

4 用烘焙紙將起司包起來後，放入密閉容器中。

5 這時候的起司已經可以食用，但放入冰箱冷藏熟成2～3天後，起司會變得更凝固好切，香草的味道也更濃厚。

POINT
1 除了做成圓柱狀，搓成顆狀的迷你起司球也很可愛。
2 香草的量依照起司大小自行調整即可。

在味道和視覺上同樣令人無比驚豔！
和白色契福瑞起司形成強烈的對比，
色澤鮮豔深紅的甜菜根，
這是一道在美國人氣超高的沙拉，

arrange recipe

SALAD

甜菜根香草契福瑞沙拉

使用起司 香草契福瑞起司　零麩質　純素

材料〔分量為4人份〕

甜菜根……1顆（約100g）
醋……少許

楓糖堅果
- 胡桃或核桃……80g
- 楓糖漿……50ml
- 肉桂粉……1/4小匙
- 鹽……少許

沙拉醬
- 巴薩米克醋……30ml
- 橄欖油……30ml
- 楓糖漿……1小匙
- 黃芥末醬……1/2小匙
- 鹽……1/4小匙

綜合嫩葉生菜……140g
香草契福瑞起司（P.112，切片）……適量

作法

1 甜菜根洗淨後連皮放入裝滿水的鍋中，加少許的醋，水煮約30分鐘至甜菜根可以輕易用竹籤穿透。

2 在平底鍋上放入楓糖堅果的所有材料，一邊用小火加熱約8分鐘，一邊攪拌避免燒焦，直到楓糖漿可以像麥芽糖般拉出糖絲為止。煮好後倒到烘焙紙上平鋪開來，避免堅果重疊在一起。

3 甜菜根煮好後撈起，用清水沖洗乾淨後，瀝乾水分。接著削掉外皮，切成半月狀。

4 混合沙拉醬的所有材料。

5 將綜合嫩葉生菜、甜菜根和沙拉醬放入沙拉碗中拌勻。接著撒上適量的香草契福瑞起司和楓糖堅果裝飾即完成。

POINT｜甜菜根的染色力很強，切的時候建議先在砧板上鋪一層烘焙紙。製作過程中建議配戴手套避免染色，染到顏色的廚具也要盡快洗淨。

recipe for

CHEESE

堅果製成

莫札瑞拉起司

保存期限：冷藏保存約1週

零麩質　純素

碩大圓潤的外型十分討喜，
做成卡布里沙拉（P.122）非常可口，
夾到三明治裡更是別有一番風味。

2

4

5

recipe for

CHEESE

莫札瑞拉起司

材料〔分量約420g〕

發酵材料

- 生杏仁果 80g
- 生腰果 80g
- 糙米發酵水（P.100） 200ml

調味材料

- 無味椰子油（隔水加熱至融化） 1大匙
- 鹽 1/4小匙

寒天膠

- 水 200ml
- 寒天粉 1大匙

作法

1 將發酵材料依照P.22～P.23的步驟進行發酵，發酵半天。

2 發酵完成後倒入調理盆內，加進調味材料，接著拌勻。同時準備一個大碗（用來當模具），並用水沾濕。

3 將寒天膠的材料放入小鍋中，一邊用小火加熱一邊攪拌，沸騰後再略煮2分鐘。

4 接著將步驟*3*的寒天膠倒入步驟*2*中，儘速攪拌均勻成起司糊（不能放置太久，寒天膠很快就會開始凝固）。

5 接著將步驟*4*的起司糊倒入當模具的大碗中，表面略微整平，再放入冰箱冷藏靜置30分鐘至1小時，直到凝固為止。

6 起司凝固後，拿一把小刀，沿著碗的邊緣劃過一圈再抽出來，以利脫模。完成後放入保存容器中，或是用保鮮膜封裝後冷藏保存。

POINT 如果想要做出像卡布里沙拉（P.122）中美麗的圓形莫札瑞拉起司片，必須改用沾溼的方形調理盤取代大碗，倒入0.7～0.8公分厚度的起司糊並抹平後，放冰箱冷藏至凝固，再用圓形的模具或慕斯圈壓出形狀。

獨具現代感的外觀，當成前菜或是下酒菜都很適合。
只需要簡單的番茄、莫札瑞拉起司、羅勒就能完成，
紅綠白相間的義大利卡布里沙拉，

arrange recipe

SALAD

卡布里沙拉

使用起司 莫札瑞拉起司、莫札瑞拉風鹽起司

零麩質 純素

材料〔分量為4人份〕

大番茄	3顆	羅勒葉	適量
莫札瑞拉起司（P.118，或是P.26的莫札瑞拉風鹽起司）	食譜1份的量	鹽	少許
		粗粒黑胡椒	少許
		橄欖油	適量

作法

1 將大番茄和莫札瑞拉起司切成0.7～0.8公分厚的片狀。

2 在盤子裡交替擺放番茄片、莫札瑞拉起司片、羅勒葉。

3 食用前再撒上鹽、粗粒黑胡椒調味後，淋上橄欖油即完成。

POINT 假若先依照P.121中「POINT」的方式做出圓片狀的莫札瑞拉起司，便不需要再另外切片。

一塊接一塊停不下來。
很適合當成嘴饞時的零嘴，
日本人熟悉的濃厚風味。

recipe for
CHEESE

堅果製成

再製起司

保存期限：冷凍保存約1週　零麩質　純素

材料〔分量約200g〕

發酵材料
- 生杏仁果 ---------- 50g
- 生腰果 ---------- 50g
- 糙米發酵水（P.100）---------- 120ml

寒天膠
- 水 ---------- 100ml
- 寒天粉 ---------- 2小匙

調味材料
- 無味椰子油（隔水加熱至融化）---------- 1大匙
- 營養酵母 ---------- 1/2小匙
- 檸檬汁 ---------- 1.5小匙
- 鹽 ---------- 1/2小匙

作法

1 將發酵材料依照P.22～P.23的步驟進行發酵，發酵1天。

2 發酵完成後倒入調理盆內，加進調味材料後拌勻。

3 將寒天膠的材料放入小鍋中，一邊用小火加熱一邊攪拌，沸騰後再略煮2分鐘。

4 接著混勻步驟2、3，一邊用打蛋器攪拌到綿滑柔順，一邊加熱2～3分鐘。然後倒入事先用水沾濕的模具中，放冰箱冷藏30分鐘至1小時，直到凝固。

5 等起司凝固後從模具中取出，翻過來並分切成小塊，再放入冰箱冷藏保存即可。

POINT
1 推薦使用底盤可拆開的小型活動式蛋糕模，非常方便。
2 在步驟5中取出已凝固的起司時，建議先將表面凹凸不平處切平再倒過來放，比較平穩。

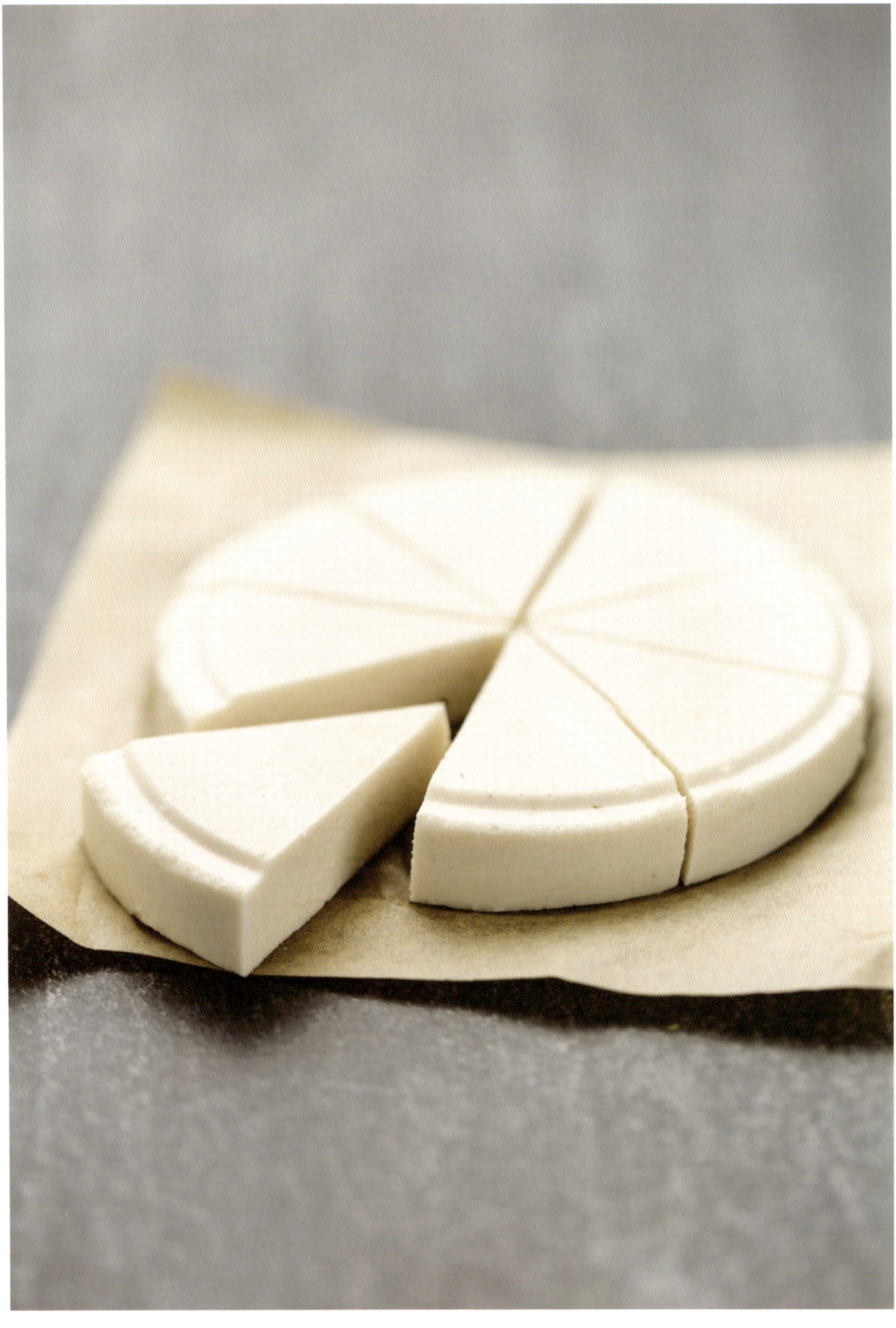

一定要搭配蘇打餅吃吃看。
絕對少不了經典的切達起司，
內容豐富的起司拼盤裡，

recipe for
CHEESE

堅果製成
切達起司

保存期限：冷藏保存約1週　零麩質　裸食　純素

材料〔分量約240g〕

發酵材料
- 生杏仁果 50g
- 生腰果 50g
- 純水或礦泉水 100ml
- 德國酸菜的醃漬液（P.102） 2大匙

調味材料
- 無味椰子油（隔水加熱至融化） 3大匙
- 營養酵母 1大匙
- 白味噌 1大匙
- 寒天粉 2小匙
- 芝麻醬 1/4小匙
- 薑黃粉 1/4小匙
- 紅椒粉 1/4小匙
- 黃芥末粉 1小撮

作法

1 將發酵材料依照P.22～P.23的步驟進行發酵，發酵1天。

2 發酵完成後倒入調理盆內，冷藏2小時後，加進所有調味材料，並充分拌勻。

3 放入喜歡的模具中，封上保鮮膜後冷藏一個晚上直到凝固。

4 等起司確實凝固後脫模，冷藏保存即可。切達起司放在室溫中容易變軟，建議食用前再從冰箱中取出。

POINT
1 推薦用圓形慕斯圈當模具（底部鋪一張烘焙紙），或是直接在保存容器裡鋪一層保鮮膜。
2 如果想要製作煙燻起司，可以在加入調味材料時，多添加1/4小匙的煙燻液（見P.108的「POINT」說明）。

令人完全沒辦法抗拒。
來自大海和芝麻油的香氣，
充滿細緻又多層次的日式風味。
起司外圍包裹一層綠色的海苔，

recipe for

CHEESE

堅果製成

青海苔起司

保存期限：冷藏保存約1週　零麩質　裸食　純素

材料〔分量約200g〕

發酵材料

- 生杏仁果……50g
- 生腰果……50g
- 昆布高湯（將2g的昆布放入120ml的純水或礦泉水中浸泡一晚。或是直接用水代替）……120ml
- 鹽麴（P.98）……1大匙

調味材料

- 無味椰子油（隔水加熱至融化）……2.5大匙
- 芝麻油……1大匙
- 青海苔粉……2小匙
- 營養酵母……1小匙
- 檸檬汁……1/4小匙
- 鹽……適量

青海苔粉……約1/4杯

作法

1 將發酵材料依照P.22～P.23的步驟進行發酵，發酵半天至1天。

2 發酵完成後倒入調理盆內，加進所有調味材料並充分拌勻。

3 接著倒入喜歡的模具中，封上保鮮膜，放冰箱冷藏一晚直到完全凝固。

4 等起司凝固後從模具中取出，在起司外層按壓裹上一層青海苔粉，完成後放入冰箱冷藏即可。青海苔起司在室溫中容易軟化，建議食用前再從冰箱中取出。

POINT 沒有模具時，也可以直接在保存容器中鋪一層保鮮膜當模具使用。

是一款口味濃郁又獨具特色的起司。
可愛的外表下藏著些許的辛香，
清爽的柳橙和粉紅胡椒，

recipe for
CHEESE

堅果製成
柳橙粉紅胡椒起司

保存期限：冷藏保存約1週　零麩質　裸食　純素

材料〔分量約200g〕

發酵材料

生杏仁果	50g
生腰果	50g
純水或礦泉水	100ml
德國酸菜的醃漬液（P.102，使用紫色高麗菜）	2大匙

裝飾

粉紅胡椒	適量（依模具大小調整）

調味材料

無味椰子油（隔水加熱至融化）	3大匙
柳橙皮屑	1.5小匙
柳橙汁	3大匙
粉紅胡椒	1/2大匙
營養酵母	1小匙
寒天粉	1大匙
楓糖漿	1小匙
香草精	1/2小匙
鹽	1/2小匙
白胡椒	少許

作法

1 將發酵材料依照P.22～P.23的步驟進行發酵，發酵時間約半天至1天。

2 發酵完成後倒入食物調理機中，再加進所有調味材料，並充分攪拌至完全均勻。

3 接著倒入喜歡的模具中，在起司表面撒一層粉紅胡椒，輕輕按壓固定後，放入冰箱冷藏一晚直到完全凝固。

4 等起司凝固後從模具中取出，再放入保存容器中冷藏保存即可。柳橙粉紅胡椒起司在室溫中容易軟化，建議食用前再從冰箱中取出。

POINT 沒有模具時，也可以直接在保存容器中鋪一層保鮮膜當模具使用。

打造猶如蛋糕般的夢幻點心起司。
和起司的酸度完美融合！
來自水果乾的自然甜味，

recipe for
CHEESE

堅果製成

果乾起司

保存期限：冷藏保存約1週　零麩質　裸食　純素

材料〔分量約220g〕

發酵材料

- 生杏仁果 ---------- 50g
- 生腰果 ---------- 50g
- 純水或礦泉水 ---------- 120ml
- 鹽麴（P.98，也可以用P.102的德國酸菜醃漬液2大匙代替）--- 1大匙

調味材料

- 無味椰子油（隔水加熱至融化）---------- 3大匙
- 檸檬皮屑 ---------- 1顆的量
- 檸檬汁 ---------- 1小匙
- 鹽 ---------- 適量
- 喜歡的果乾（先切成適當大小）---------- 50g
- 核桃（切粗碎）---------- 20g

作法

1 將發酵材料依照P.22～P.23的步驟進行發酵，發酵半天至1天。

2 發酵完成後倒入調理盆中，加入椰子油、檸檬皮屑、檸檬汁、鹽拌匀，再放入果乾、核桃混合均匀。

3 接著倒入喜歡的模具中，在起司表面緊密覆蓋一層保鮮膜，放冰箱冷藏一晚直到完全凝固。

4 等起司凝固後從模具中取出，再放入保存容器中冷藏保存即可。果乾起司在室溫中容易軟化，建議食用前再從冰箱中取出。

POINT　沒有模具時，也可以直接在保存容器中鋪一層保鮮膜當模具使用。

SEASIDE

純素調製品

本章節中將介紹杜絕一切動物性食品，
完全使用植物性食品製成的調味料。
不論是日常生活中頻繁用到的牛奶、奶油，
甚至是美乃滋、優格、雞蛋製品，都可以取代。

DAIRY ALTERNATIVES

dairy ALTERNATIVE

堅果製成

杏仁奶

零麩質　裸食　純素

代替乳製品

保存期限：冷藏保存約3天

堅果奶是用來取代牛奶的植物奶。
掌握堅果和水大約為一比三的基本比例後，
也可以自由更換喜歡的堅果。

材料〔分量約3杯〕

生杏仁果	1杯
水	3杯

作法

1 生杏仁果先泡水一晚後，用濾網撈起、洗淨。

2 將所有材料放入果汁機中，攪拌至質地綿滑均勻。

3 在調理盆上架一個篩網，篩網上放細過濾網袋或起司濾布。接著倒入步驟2，用手擠壓濾出杏仁奶即完成。

POINT

1 如果沒有時間讓杏仁果浸泡一個晚上，可以改成滾水煮15分鐘再用篩網撈起，並以冷水洗淨（但若經過此加熱過程，就不能稱為裸食）。
2 我用來過濾堅果奶的是尼龍製的袋狀濾網。
3 過程中可以依照喜好加入甜味劑或香草精。
4 濾掉杏仁奶後剩下的堅果渣，可以用來做成花椰菜披薩（P.56）也很好吃。堅果渣可以冷藏保存3天，冷凍保存1個月左右。

dairy ALTERNATIVE

堅果製成

腰果鮮奶油

零麩質　裸食　純素

代替乳製品

保存期限：冷藏保存約3天

腰果和水簡單攪拌均勻，
就可以取代鮮奶油，
運用在料理或是加入咖啡中。

材料〔分量約2杯〕

生腰果……1杯　水……2杯

作法

1 生腰果先泡水2～4個小時後，用濾網撈起、洗淨。

2 將所有材料放入果汁機中，攪拌至質地綿滑均勻。

3 在調理盆上架一個篩網，篩網上放細過濾網袋或起司濾布。接著倒入步驟2，用手擠壓濾出腰果鮮奶油即完成。

POINT

1 如果沒有時間浸泡生腰果，可以改成滾水煮15分鐘再用篩網撈起，並以冷水洗淨（但若經過此加熱過程，就不能稱為裸食）。

2 生腰果和水的比例是一比二。

3 腰果鮮奶油沒辦法打發。想要做出像打發鮮奶油般的質地，請參考P.150的椰子打發鮮奶油。

dairy ALTERNATIVE

豆漿製成

純素奶油

零麩質 純素

代替乳製品

保存期限：冷藏保存約2週

用一台果汁機就能完成的植物性奶油。
為了方便塗抹，特意製作成略微柔軟的質地，
像奶油般抹在吐司上，或是用來做菜都很適合。

材料〔方便製作的分量〕

A
- 無添加的純豆漿 ……… 100ml
- 蘋果醋 ……… 1小匙

B
- 煮紅豆的水（可省略）…… 2小匙
- 營養酵母 ……… 1小匙
- 薑黃粉 ……… 1小撮
- 鹽 ……… 1/4小匙

- 無味椰子油（隔水加熱至融化）……… 100ml
- 橄欖油 ……… 100ml

作法

1 混合材料A後，靜置5分鐘至豆漿分離。

2 將步驟1和材料B放入果汁機中攪拌均勻。

3 一邊攪拌，一邊從果汁機上方的投入孔分次少量加入椰子油，直到整體乳化。

4 接著再一邊攪拌，一邊少量分次加入橄欖油，直到整體乳化。

5 放進保存容器中冷藏保存。剛做好的奶油呈現奶霜質地，冷藏幾個小時後就會凝固。

POINT 煮紅豆的水，是很常用來取代蛋製品的超人氣純素食材。製作奶油時如果沒有加煮紅豆的水，完成後的質地會稍微偏硬，或是容易在冷藏保存時分離，不過並不會造成使用上的疑慮。

dairy ALTERNATIVE

豆漿製成

純素美乃滋

零麩質 純素

取代蛋製品

保存期限：冷藏保存約2週

在果汁機裡攪一攪，
簡單快速的自製豆漿美乃滋就完成了。
只要5分鐘，而且不含任何添加物！

材料〔方便製作的分量〕

A
- 無添加的純豆漿……100ml
- 米醋……2大匙
- 龍舌蘭糖漿……1大匙
- 黃芥末粉或黃芥末醬……1/2小匙
- 喜馬拉雅黑鹽（或一般的鹽）……1/2小匙

葡萄籽油……200ml

作法

1 將材料A放入果汁機中，攪拌至均勻。

2 一邊攪拌，一邊從果汁機上的投入孔分次加入葡萄籽油，直到整體乳化，呈現美乃滋般的質地即完成。

3 放入保存容器中冷藏保存即可。

POINT
1 喜馬拉雅黑鹽，又稱火山黑鹽，是一種含有硫磺的岩鹽。由於水煮後會散發出近似蛋的香氣和味道，在純素飲食中時常被用來重現蛋料理。
2 龍舌蘭糖漿也可以用黍砂糖代替。

dairy ALTERNATIVE

堅果製成

洋蔥酸奶油沾醬

零麩質　純素

沾醬

保存期限：冷藏保存約3天

好吃的洋蔥酸奶油沾醬，
和炸薯條和洋芋片都相當對味，
是我家餐桌上不可少的超人氣調味料！

材料（分量為4人份）

- 洋蔥（切小丁）……240g
- 橄欖油……1/2大匙
- A 生腰果……160g
- A 水……100ml
- A 檸檬汁……1大匙＋2小匙
- A 蘋果醋……3/4小匙
- A 楓糖漿……1/2小匙
- A 大蒜粉……1/2小匙
- A 鹽……3/4小匙
- A 白胡椒……少許
- 蝦夷蔥（切蔥花）……少許

作法

1 生腰果泡水2～4小時後，用濾網撈起，流水洗淨備用。

2 平底鍋開小火加熱後，倒入橄欖油，再放進洋蔥丁，慢慢炒至焦糖色後，放涼備用。炒的過程中如果快要燒焦時，可以分次加少量的水（材料分量外）。

3 將材料A放入果汁機中，攪拌到質地綿滑均勻。

4 接著倒入調理盆中，再放入步驟2炒好的洋蔥混合後，用密閉容器裝起來，放冰箱冷藏1小時。

5 盛盤，撒上少許蝦夷蔥花裝飾即完成。

POINT｜沒有時間浸泡生腰果時，可以改成滾水煮15分鐘，再用濾網撈起，並以冷水沖洗乾淨。

dairy ALTERNATIVE

豆漿製成

豆漿優格

零麩質　純素

代替乳製品

保存期限：冷藏保存約1週

自己在家裡也能做豆漿優格。
只要準備好糙米發酵水，
和豆漿混合後發酵，就完成了！

材料〔分量約1L〕

無添加的純豆漿（放置至常溫）……1L
糙米發酵水（P.100）……2大匙

作法

1 將所有材料放入消毒完畢的瓶子裡，混合均勻。

2 瓶口用一張餐巾紙包起來，以橡皮筋束起固定。接著放置到陽光不會直射的地方，常溫發酵半天至1天（夏季大約需要半天，冬季則需要1～2天）。

3 搖動瓶身，如果內容物呈現優格般的固態時，就完成了。成功發酵的豆漿優格會散發出優格般的清爽香氣和酸味。假如出現臭味、表面變成粉色，或是味道難以下嚥等狀況時，請丟棄不要使用，再重新做一次。

4 完成後拿掉餐巾紙，用蓋子密封起來冷藏保存即可。

POINT

1 過度發酵時，優格看起來會像右圖般呈現分離的狀態。

2 過度發酵的豆漿優格可以食用，但比較酸。如果整體水水的，需先用紗布或咖啡濾紙，過濾掉分離的液體、乳清後，再冷藏保存。

dairy ALTERNATIVE

椰奶製成

椰子打發鮮奶油

零麩質　純素

代替乳製品

保存期限：冷藏保存約1週

先讓椰奶在冰箱冷藏一個晚上，
或是直接使用市售椰子鮮奶油，
透過快速攪拌讓質地變得綿滑後，
就是濃郁的純素打發鮮奶油了！

材料〔分量約200～250g〕

- 罐裝椰奶（全脂）‥1罐（400ml）
- 寒天粉（沒有可省略）‥‥‥1/2小匙

A
- 黍砂糖‥‥‥2～3大匙
- 香草精‥‥‥1/2小匙

作法

1. 整罐椰奶放冰箱冷藏一個晚上，讓椰奶的油水分離。製作前，先把調理盆放進冰箱冷藏15分鐘左右，讓它變冰。
2. 不要搖動椰奶，整罐從冰箱中取出後，上下倒扣再打開，讓分離出來的水分流掉。用湯匙將剩下的白色油脂取出，放到冷卻過的調理盆中，再以電動打蛋器打發。
3. 攪拌6分鐘左右後，加入材料A，繼續攪拌到舉起打蛋器時鮮奶油呈現一個尖角。等鮮奶油的質地變得比較穩定、細緻後，再加入寒天粉混勻。
4. 完成後放入密閉容器中，冷藏保存。冷藏後的椰子打發鮮奶油質地比較硬，使用前再用打蛋器稍微攪拌到軟化即可。

POINT

1 椰奶有可能因為品牌、種類不同，導致無法打發，建議至少在冰箱冷藏一個晚上再使用。

2 我平常用的罐裝椰奶是Givgis和Thai Kitchen這兩個牌子。也可以直接使用比椰奶更濃稠的椰奶鮮奶油（全脂），就不需要等待油水分離的冷藏步驟。

vegan TOPPING

豆腐炒蛋

做成美味的純素蛋沙拉三明治也是不錯的選擇。
把豆腐炒蛋和純素美乃滋（P.144）拌勻，
加入帶有硫磺味的喜馬拉雅黑鹽，仿效出神似雞蛋的口味。
用板豆腐完美重現經典炒蛋！

零麩質

純素

材料〔分量為4人份〕

板豆腐（先去除水分）------ 400g

橄欖油 ------ 1大匙

A
- 營養酵母 ------ 1大匙
- 薑黃粉 ------ 1小撮
- 黃芥末粉 ------ 1小撮
- 喜瑪拉雅黑鹽或一般鹽巴 ------ 略少於1/2小匙
- 胡椒 ------ 少許

配料

蔥末（或喜好的香草）------ 少許

作法

1. 把板豆腐用手撕成炒蛋般的質感。
2. 平底鍋用中火加熱後倒入橄欖油，再加入豆腐翻炒到沒有水氣。
3. 加入材料A調味後，再炒幾分鐘。
4. 撒上蔥末即完成。

POINT

炒豆腐之前加入洋蔥、番茄、彩椒、菠菜等喜歡的蔬菜拌炒，做成蔬菜炒蛋。最後盛盤再擺上切片酪梨，立刻搖身一變成時尚的LA風格！

vegan TOPPING

椰子培根片

完全不含動物性食品，也能做出卡滋卡滋的香脆培根。椰子培根片在本書中的花椰菜起司濃湯（P.64）、培根蛋黃義大利麵（P.78）、起司通心粉（P.88）等食譜裡，皆扮演著活躍的配料角色。

保存期限：
常溫保存約1個月

純素

材料〔分量約100g〕

椰子片（無鹽、無糖，未經過烘烤的原味）
---------- 100g

混合調味料

醬油（想要避免麩質的人，可以選擇無麩質醬油）---------- 3大匙
楓糖漿 ---------- 1小匙
煙燻液 ---------- 1/2小匙
胡椒 ---------- 少許

POINT

煙燻液是一種很方便的調味料，不需要經過麻煩的煙燻過程，就能輕鬆做出煙燻風味。每個品牌煙燻液的香氣和濃度都不同，選擇喜歡的即可。以我個人來說，推薦Smoke Kitchen和Wright' s的產品（參考P.108）。

作法

1　烤箱預熱到120度或以120度預熱10分鐘。在調理盆中放入椰子片和**混合調味料**，輕輕拌勻後，放置幾分鐘，讓椰子片吸收混合調味料的味道後，再次拌勻。

2　烤盤上鋪一張烘焙紙，再薄薄鋪一層步驟*1*的椰子片。放入烤箱烘烤40～50分鐘。椰子片很容易燒焦，最好每5分鐘適當翻動避免燒焦，並頻繁確認上色程度。

3　烤到金黃上色後，就可以從烤箱中取出。剛開始還有點軟，但等到冷卻就會變脆硬。如果冷卻後沒有變硬，就再烤5～10分鐘。

4　等到完全冷卻後，即可放入密封容器中，常溫保存。

ACKNOWLEDGMENTS
致　謝

當年一心渴望成為好萊塢彩妝師，獨自一人前往美國洛杉磯就讀美妝學校的我，在那裡第一次遇到了吃純素飲食的朋友。當時吃素食的人很多，但接觸純素飲食的人卻寥寥無幾。我到現在依然記得，當時我和這位朋友聊完純素飲食的話題後，曾經斬釘截鐵地說：「太厲害了！我雖然對純素飲食感興趣，但我一定做不來。連起司都不能吃的生活，根本不可能辦到。」英文中有句話是這樣說的："Never say never."「永遠不要覺得什麼事情不可能」，真的是這樣。在那之後的好多年後，我一股腦踏入純素、植物性飲食、裸食世界。現在，我反倒成了時常聽別人說「不可能辦到」的人，立場可說是徹底顛倒過來。

但如果不是當年的我，後來我大概也不會這樣努力鑽研出可以讓第一次吃的人嘖嘖稱奇：「欸？這就是起司啊！真的沒有使用乳製品嗎？」毫無破綻的純素起司。假使能夠透過這本書，讓讀者多少體會到自己在家裡製作純素起司的樂趣，對我來說就是再開心也不過的事。

感謝大和書房的長谷川惠子、攝影師鈴木香織、設計師若井夏澄、造型師Astrid Anderson，還有其他很多人。因為有了大家的協助，我才能夠完成我的第一本書。感激的心情說也說不完，但我依然只能發自內心感謝。最後，還要謝謝從我剛開設部落格時，持續鼓勵我到現在的黑岩依美里、久常早弓里，以及我的雙親，還有無時無刻陪伴在我身邊的先生Michael和愛犬Orion。

2019年7月　Mariko

ORGANIC
CROSS
ON
WALK
SIGNAL
ONLY

台灣廣廈 國際出版集團
Taiwan Mansion International Group

國家圖書館出版品預行編目（CIP）資料

純素起司Vegan cheese【暢銷修訂版】：第一本100%純天然起司全書！零蛋奶、無麩質、高蛋白的健康新選擇 / Mariko著. -- 二版. -- 新北市：台灣廣廈, 2025.02
160面；19×26公分
ISBN 978-986-130-650-6（平裝）
1.CST: 素食食譜

427.31　　113019448

台灣廣廈

純素起司Vegan Cheese【暢銷修訂版】

第一本100%純天然起司全書！零蛋奶、無麩質、高蛋白的健康新選擇

作　　者／Mariko
設　　計／若井夏澄（tri）
攝　　影／Kaori Suzuki
食物造型／Astrid Anderson
譯　　者／Moku

編輯中心執行副總編／蔡沐晨・**執行編輯**／許秀妃
封面設計／曾詩涵・**內頁排版**／菩薩蠻數位文化有限公司
製版・印刷・裝訂／東豪・弼聖・秉成

行企研發中心總監／陳冠蒨
媒體公關組／陳柔彣
綜合業務組／何欣穎

線上學習中心總監／陳冠蒨
企製開發組／江季珊、張哲剛

發 行 人／江媛珍
法律顧問／第一國際法律事務所 余淑杏律師・北辰著作權事務所 蕭雄淋律師
出　　版／台灣廣廈
發　　行／台灣廣廈有聲圖書有限公司
地址：新北市235中和區中山路二段359巷7號2樓
電話：（886）2-2225-5777・傳真：（886）2-2225-8052

代理印務・全球總經銷／知遠文化事業有限公司
地址：新北市222深坑區北深路三段155巷25號5樓
電話：（886）2-2664-8800・傳真：（886）2-2664-8801
郵政劃撥／劃撥帳號：18836722
劃撥戶名：知遠文化事業有限公司（※單次購書金額未達1000元，請另付70元郵資。）

■出版日期：2025年02月

ISBN：978-986-130-650-6